传感器技术与应用
——基于Arduino平台

熊晓倩 张汉飞 张 芳 主 编

李 峰 杨贵明 叶 俊 副主编

谢真真 周芸芸 参 编

重庆大学出版社

内容提要

本书按照"项目导向、任务驱动、理实一体"的编写模式,以典型的传感器应用项目为载体,详细介绍了多种传感器的实际应用场景。主要内容包括开篇导学、温度的检测、环境量的测量、力和压力的检测、超声波测距、光学量的检测、传感器的综合应用,涵盖了温度传感器、气敏传感器、光敏传感器、湿度传感器、超声波传感器、红外传感器等多种传感器类型。

本书重点关注新型传感器技术和检测方法,并提供了丰富的实际应用案例,以满足实际工作场景的需求。本书可作为高职院校电子信息类、自动化类等相关专业的教材,也可作为工程技术人员的参考用书。

图书在版编目(CIP)数据

传感器技术与应用:基于 Arduino 平台／熊晓倩,张汉飞,张芳主编. -- 重庆:重庆大学出版社,2024. 8. --（新编高等职业教育电子信息类专业系列教材）. ISBN 978-7-5689-4730-5

Ⅰ. TP212

中国国家版本馆 CIP 数据核字第 2024DS5249 号

传感器技术与应用——基于 Arduino 平台

CHUANGANQI JISHU YU YINGYONG：JIYU Arduino PINGTAI

主 编 熊晓倩 张汉飞 张 芳
副主编 李 峰 杨贵明 叶 俊
策划编辑:苟荟羽

责任编辑:张红梅 版式设计:苟荟羽
责任校对:关德强 责任印制:张 策

*

重庆大学出版社出版发行
出版人:陈晓阳
社址:重庆市沙坪坝区大学城西路 21 号
邮编:401331
电话:(023)88617190 88617185(中小学)
传真:(023)88617186 88617166
网址:http://www.cqup.com.cn
邮箱:fxk@ cqup.com.cn(营销中心)
全国新华书店经销
重庆正文印务有限公司印刷

*

开本:787mm×1092mm 1/16 印张:14.25 字数:296 千
2024 年 8 月第 1 版 2024 年 8 月第 1 次印刷
印数:1—1 000
ISBN 978-7-5689-4730-5 定价:49.00 元

　　本书是国家级职业教育"双高"专业群智能光电技术应用专业群教学资源库配套教材之一。本书课程资源丰富,开发有供读者自主学习的资源包,配备有全程理论微课、教学课件、实训视频、动画、习题库等,为读者的自主学习提供真实、有效、极具趣味性的学习资源。

　　本书内容选取重点突出科学性、实用性、操作性、趣味性,多为日常生活中容易接触、电子竞赛中频繁使用、实际工作中经常遇到的典型传感器,如温湿度传感器、光敏传感器、力敏传感器、超声波传感器、磁敏传感器、气敏传感器等。本书内容安排采取"项目引导、任务驱动"模式,突出"做中学"的基本理念,在介绍各大类传感器基础知识的基础上,引入各子类传感器实用、典型的应用案例作为训练项目,并基于对各子类传感器的认识,重点分析各传感器的结构、特性与工作原理,加深对各传感器应用技术的理解,符合人们认识事物的规律。

　　本书共设置 6 个项目。每个项目又以任务为载体,根据内容需要,设计了知识准备、任务实施、任务评价等环节。项目一至项目五主要根据常见物理量介绍了各种传感器及其检测技术在生产、生活等领域的重要性,并深入探讨了不同类型的传感器及其应用。项目六属于综合性设计与制作的实训环节,主要介绍如何利用典型传感器来设计简单电子产品,旨在培养学生的实践创新能力和团队协作能力。

　　本书提供了大量数字化教学和学习资源,读者可用手机扫描书中二维码获取,也可通过"职教云"平台获取。

　　由于编者水平有限,书中难免存在欠妥和考虑不周之处,热忱欢迎读者提出批评与建议。

编　者

2024 年 1 月

CONTENTS 目 录

开篇导学

📖 项目引言

　　"传感器应用技术"是电子信息类专业一门实践性很强的专业核心课程,几乎所有的电子产品中都涉及传感器的应用。

📖 项目重难点及目标

知识重点	传感器的定义与分类; 传感器的组成; 传感器的基本特性; 传感器的发展趋势
知识难点	传感器的基本特性
知识目标	了解传感器及检测技术的作用和地位; 掌握传感器的定义、组成及分类; 掌握传感器的基本特性; 了解传感器的选用原则
技能目标	识别常用传感器并进行简单的质量鉴别
思政目标	了解传感器技术对国家乃至整个世界信息化产业巨大进步的持续推动作用

微课视频

任务一　认识传感器

现代科学技术与传感器技术密不可分。太空中的卫星要将获取的各种信息传送给地面工作站,必须借助传感器技术,如图 0-1 所示;机器人全身布满了各种类型的传感器,代替人类完成各项复杂的工作任务,减轻人们的劳动强度,避免有害作业,如图 0-2 所示。传感器技术还广泛应用于工业生产线和自动化加工设备中进行检测、测试,极大地提高了生产效率和产品质量。传感器技术与通信技术、计算机技术相融合,已融入我们的生产生活。

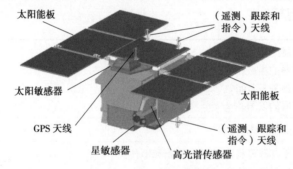

图 0-1　卫星上的传感器

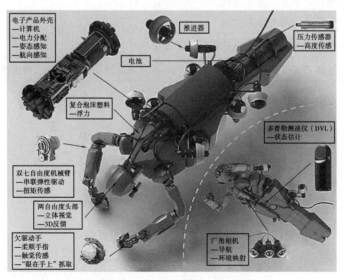

图 0-2　机器人上的传感器

我国国家标准《传感器通用术语》(GB/T 7665—2005)将传感器(transducer/sensor)定义为:能感受被测量并按照一定的规律转换成可用输出信号的器件或装置,通常由敏感元件(sensing element)和转换元件(transducing element)组成。该定义包括以下含义:

①传感器是能完成检测任务的测量器件或装置。

②输入量可能是物理量、化学量或生物量等某种被测量,如位移、温度等。

③输出量是便于传输、转换及处理的某种物理量,如光、电量等,一般为电量。

④输出与输入之间应有确定的对应关系,且应有一定的转换精确度。

传感器技术遍及各行各业、各个领域,如工业生产、科学研究、现代医学、现代农业生产、国防科技、家用电器,甚至儿童玩具都少不了传感器。图 0-3 所示为汽车中的各种传感器应用。

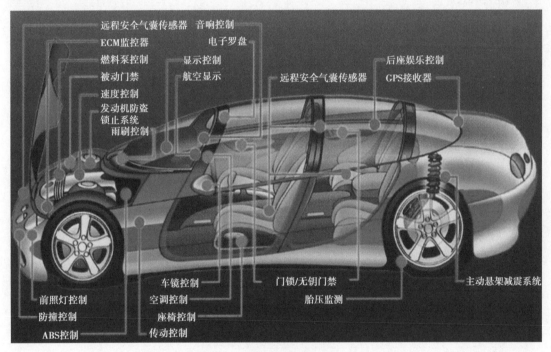

图 0-3 汽车中传感器的应用

在日常生产生活中,我们大量使用传感器,尤其是现代化的高科技生产设备及其产品更是离不开传感器。如电冰箱的温度传感器、监视煤气逸出的气敏传感器、预警火灾的烟雾传感器、防盗用的光电传感器等。传感器的种类繁多,从外观上看千差万别,图 0-4 所示为部分常用传感器的外观形状。

图 0-4　部分常用传感器

? 观察与思考

1. 认识图 0-4 中的各种传感器。

2. 通过观察,说说家用电器中的传感器。

任务二 了解传感器的作用、组成、分类、基本特性和发展

微课视频

一、传感器的作用和组成

我们生活的世界是由物质组成的,一切物质都处在永恒的运动中。物质的运动形式很多,常通过化学现象或物理现象表现出来。表征物质特性或其运动形式的参数很多,根据物质的电特性,可分为电量和非电量两种。电量是指物理学中的电学量,如电流、电压、电阻、电容、电感等;非电量是指除电量之外的一些参数,如压力、流量、尺寸、位移、质量、力、速度、加速度、转速、温度、浓度、酸碱度等。由于一般电工仪器和电工仪表要求输入的是电信号,因此非电量需要转换成与非电量有一定关系的电量,再进行测量。实现这种转换技术的器件就是传感器。传感器组成框图如图0-5所示。

图0-5 传感器组成框图

传感器一般由敏感元件、转换元件和测量电路3个部分组成,有时还需要加辅助电源。其中,敏感元件直接感受被测量的变化,并输出与被测量成确定关系的某一物理量的元件,是传感器的核心;转换元件是将敏感元件输出的非电量直接转换为电量的器件;测量电路则是将转换元件输出的电量变成便于显示、记录、控制和处理的有用电信号的电路。

如果把计算机比作大脑,那么传感器就相当于人的五感。传感器能正确感受被测量并转换成相应输出量,对系统的质量起决定性作用,自动化程度越高,系统对传感器要求越高。

二、传感器的分类

一般来说,需要检测的被测量有多少种,传感器就应该有多少种,并且对于同一种被测参量,可能采用的传感器有多种。同样,同一种传感器原理也可能被用于多种不同类型的被测参量的检测。因此,传感器的种类繁多,分类方法也不尽相同。

传感器的分类方法见表0-1。

表 0-1　传感器分类方法

分类方法	种　类	说　　明
输入量	位移、温度、压力等	以被测量命名
工作原理	应变片式、热电式等	以工作原理命名
物理现象	结构型	依赖其结构参数变化实现信息转换
	物性型	依赖其敏感元件物理特性的变化实现信息的转换
	复合型	兼有结构型和物性型两者的性质
能量关系	能量转换型(有源型)	传感器直接将被测量的能量转换成输出量的能量
	能量控制型(无源型)	由外部供给传感器能量,而由被测量来控制输出的能量
防爆等级	普通型	不考虑防爆措施,只能用于非易燃易爆场所
	隔爆型	在内部电路与周围环境间采取了隔离措施,允许在有一定危险的场所使用
	本安型	有特殊设计的电路,保证正常及故障条件下不引起燃爆事故,可用于十分易燃易爆场所
接触方式	有触点	—
	无触点	—
输出信号	模拟式	输出为模拟量
	数字式	输出为数字量
	开关式	输出为开关量

三、传感器的基本特性

传感器的基本特性是指系统的输出、输入关系特性,即系统输出信号 $y(t)$ 与输入信号 $x(t)$ 之间的关系。传感器的基本特性包括静态特性和动态特性。

1. 静态特性

当传感器的输入信号是常量,不随时间变化(或变化极缓慢)时,其输出、输入关系特性称为静态特性。传感器的静态特性主要由以下几个参数来描述。

(1)测量范围

传感器所能测量到的最小输入量 X_{min} 与最大输入量 X_{max} 之间的区域称为传感器的测量范围。

(2)量程

传感器测量范围的上限值 X_{max} 与下限值 X_{min} 的代数差 $X_{max}-X_{min}$ 称为传感器的量程。

（3）灵敏度

灵敏度是传感器输出增量与输入增量的比值。对于线性传感器,其灵敏度就是它的静态特性的斜率,即:

$$S = \frac{\Delta y}{\Delta x}$$

（4）线性度

线性度是传感器输出量与输入量之间的实际关系曲线偏离直线的程度,又称非线性误差。线性度特性曲线如图 0-6 所示。

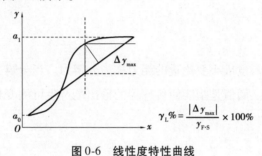

$$\gamma_L \% = \frac{|\Delta y_{max}|}{y_{F \cdot S}} \times 100\%$$

图 0-6　线性度特性曲线

（5）迟滞性

迟滞性是传感器在正向行程(输入量增大)和反向行程(输入量减小)间输出-输入曲线不重合的程度。迟滞性特性曲线如图 0-7 所示。

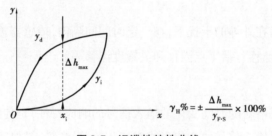

$$\gamma_H \% = \pm \frac{\Delta h_{max}}{y_{F \cdot S}} \times 100\%$$

图 0-7　迟滞性特性曲线

（6）重复性

重复性是指传感器在输入量按同一方向作全量程连续多次变动时所得特性曲线不一致的程度。重复性特性曲线如图 0-8 所示。

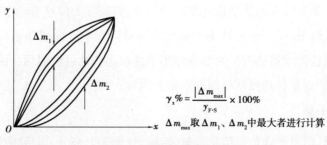

$$\gamma_x \% = \frac{|\Delta m_{max}|}{y_{F \cdot S}} \times 100\%$$

Δm_{max} 取 Δm_1、Δm_2 中最大者进行计算

图 0-8　重复性特性曲线

（7）精度

传感器的精度是指测量结果的可靠程度，是测量中各类误差的综合反映。工程技术中，为简化传感器精度的表示方法，引用了精度等级概念。精度等级 A 以一系列标准百分比数值分挡表示，代表传感器测量的最大允许误差（相对误差）。工业上，常用的等级为 0.1，0.2，0.5，1.0，1.5，2.5，4.0，5.0。数字越小，精度越高。例如，0.5 级的仪表表示其允许的最大使用误差为 0.5%。

$$A = \frac{\Delta A}{y_{\text{F·S}}} \times 100\%$$

其中，$\Delta A = \sqrt{\gamma_{\text{L}}^2 \gamma_{\text{x}}^2 \gamma_{\text{H}}^2}$。

（8）分辨率和阈值

传感器能检测到输入量最小变化量的能力称为分辨力。当分辨力以满量程输出的百分数表示时则称为分辨率。阈值是指能使传感器的输出端产生可测变化量的最小被测输入量值，即零点附近的分辨力。

（9）稳定性

稳定性表示传感器在一个较长的时间内保持其性能参数的能力。稳定性一般以室温条件下经过一段时间间隔后，传感器的输出与起始标定时的输出之间的差异来表示，称为稳定性误差。

（10）漂移

传感器的漂移是指在外界的干扰下，在一定时间间隔内，传感器输出量发生与输入量无关的、不需要的变化。漂移包括零点漂移和灵敏度漂移等。

2. 动态特性

动态特性是指传感器对随时间变化的输入信号的响应特性，是传感器的重要特性之一。传感器的动态特性与其输入信号的变化形式密切相关，最常见、最典型的输入信号是阶跃信号和正弦信号。对于阶跃输入信号，传感器的响应称为阶跃响应或瞬态响应；对于正弦输入信号，传感器的响应则称为频率响应或稳态响应。可从时域和频域两个方面采用瞬态响应法和频率响应法来分析动态特性。动态特性好的传感器应具有较短的瞬态响应时间和较宽的频率响应特性。动态特性的数学描述是微分方程，而实际的传感器动态特性较复杂，一般并不能直接给出其微分方程，可通过实验给出传感器阶跃响应曲线和幅频特性曲线上的某些特征值来表示仪器的动态特性。大部分传感器的动态特性可近似用一阶或二阶系统来描述，其动态分析方法详见自动控制原理课程相关内容。

四、传感器的发展

在信息时代里，信息产业包括信息采集、传输、处理 3 个部分，即传感技术、通信技术、计算机技术。现代计算机技术和通信技术由于超大规模集成电路的飞速发展,不仅对传感器的精度、可靠性、响应速度、获取的信息量要求越来越高,还要求其成本低廉且使用方便。显然传统传感器因功能、特性、体积、成本等难以满足要求而逐渐被淘汰。世界上许多发达国家都在加快对传感器新技术的研究与开发,并且已取得了极大的突破。如今传感器新技术的发展,主要体现在以下几个方面。

1. 发现并利用新现象

利用物理现象、化学反应、生物效应作为传感器原理,因此研究发现新现象与新效应是传感器技术发展的重要工作,是研究开发新型传感器的基础。

病毒的抗体和抗原在电极表面相遇复合时,会引起电极电位的变化,利用这一现象可制出免疫传感器。用这种抗体制成的免疫传感器可检查某生物体内是否带有这种抗原。如用肝炎病毒抗体可检查某人是否患有肝炎,快速、准确。美国加州大学已研制出这类传感器。

2. 利用新材料

传感器材料是传感器技术的重要基础,由于材料科学的进步,各种新型传感器被制造出来。例如,用高分子聚合物薄膜制成温度传感器;用光导纤维制成压力、流量、温度、位移等多种传感器;用陶瓷制成压力传感器;等等。

3. 微机械加工技术

半导体技术中的加工方法有氧化、光刻、扩散、沉积、平面电子工艺,各向导性腐蚀及蒸镀,溅射薄膜等,这些都已引入传感器制造,因此产生了各种新型传感器,如利用半导体技术制造出硅微传感器;利用薄膜工艺制造出快速响应的气敏、湿敏传感器;利用溅射薄膜工艺制造压力传感器等。

中国航空工业集团公司北京长城航空测控技术研究所研制的 CYJ 系列溅射膜压力传感器,采用离子溅射工艺加工成金属应变计,它克服了非金属式应变计易受温度影响的不足,具有高稳定性,适用于各种场合,被测介质范围宽,还克服了传统粘贴式传感器带来的精度低、迟滞大、蠕变等缺点,具有精度高、可靠性高、体积小等特点,广泛用于航空、石油、化工、医疗等领域。

4. 集成传感器

集成传感器的优势是传统传感器无法达到的,它不仅是一个简单的传感器,还将辅助电路中的元件与传感元件同时集成在一块芯片上,使之具有校准、补偿、自诊断和网络通信的功能。集成传感器可降低成本、增加产量。

5. 智能化传感器

智能化传感器是一种带微处理器的传感器,是微型计算机和传感器相结合的成果,与传统传感器相比,它兼有检测、判断和信息处理等功能。美国 HONYWELL 公司 ST-3000 型智能传感器,芯片尺寸 3 mm×4 mm×2 mm,采用半导体工艺,在同一芯片上制成 CPU、EPROM 和静压、压差、温度等敏感元件。

美国航空航天局在开发宇宙飞船时称这种传感器为灵巧传感器(smart sensor),在宇宙飞船上这种传感器是非常重要的。

传感器的发展日新月异,特别是人类由高度工业化进入信息时代以来,传感器技术一直朝着更新、更高的方向发展。

观察与思考

某压力传感器测量数据见表 0-2。

表 0-2　压力传感器测量数据

压力/kPa		0	20	40	60	80	100
输出/mA	正 1	4	7.1	10.8	14	18	20
	正 2	4	6.8	11.2	13.8	17.8	20
	反 1	4	7.5	11	13.8	17.8	20

求:灵敏度、线性度、迟滞性、重复性、精确度。

任务三 学会选用传感器

一、传感器的选用原则

现代传感器在原理与结构上千差万别,如何根据具体的测量目的、测量对象和测量环境合理地选用传感器,是在进行某个测量时首先要解决的问题。当传感器确定之后,与之配套的测量方法和测量设备也就可以确定了。测量结果的好坏,在很大程度上取决于传感器的选用是否合理。选择传感器总的原则是:在满足检测系统对传感器所有要求的情况下,成本低廉,工作可靠且容易维修,即要求性价比高。

在具体选择传感器时,应从以下几个方面考虑:测试条件与目的、传感器的性能、传感器的使用条件、传感器所连数据采集系统及辅助设备和传感器的购置及维护。另外,对某些特殊使用场合,无法选到合适的传感器,则需自行设计制造传感器,自制传感器的性能要求应符合有关标准。

二、传感器的常见使用方法

不同的传感器有自己的性能和使用条件,传感器的适应性很大程度取决于传感器的使用方法。以下是传感器的一些常见使用方法:

①使用前必须认真阅读使用说明。

②正确地选择安装点并正确安装传感器。安装失误不仅会影响测量精度,而且会影响其使用寿命,甚至会损毁传感器。

③保证传感器安全生产。

④传感器和测量仪表必须可靠连接,系统应有良好的接地,远离强电磁场,传感器和仪表应远离强腐蚀性物体,远离易燃易爆物品。

⑤仪器的输入端和输出端必须保持干燥和清洁,传感器不使用时,应保持传感器插头和插座的清洁。

⑥精度较高的传感器需要定期校准,一般 3 ~ 6 周校准一次。

⑦各种传感器都有一定的过载能力,使用时应不要超过量程。

⑧传感器不使用时,应存放在温度为 10 ~ 35 ℃,相对湿度不大于 85% ,无酸、无碱、无腐蚀性气体的房间内。

三、传感器的命名、代号和图形符号

1. 传感器的命名

传感器的全称由"主题词+四级修饰语"组成,即:

主题词——传感器。

第一级修饰语——被测量,包括修饰被测量的定语。

第二级修饰语——转换原理,一般可后续以"式"字。

第三级修饰语——特征描述,指必须强调的传感器结构、性能、材料特征、敏感元件及其他必要的性能特性,一般可后续以"型"字。

第四级修饰语——主要技术指标(量程、精度、灵敏度)。

2. 传感器的代号

根据《传感器命名法及代码》(GB/T 7666—2005)的规定,传感器的代号应包括以下四部分:

①主称——传感器(代号 C);

②被测量——用一个或两个汉字汉语拼音的第一个大写字母标记;

③转换原理——用一个或两个汉字汉语拼音的第一个大写字母标记;

④序号——用一个阿拉伯数字标记,用来表征产品设计特性、性能参数、产品系列等,厂家可自定。

3. 传感器的图形符号

传感器的图形符号是电气图用图形符号的一个组成部分。根据《传感器图用图形符号》(GB/T 14479—93)的规定,传感器一般符号由符号要素正方形和等边三角形构成:正方形轮廓符号表示转换元件;三角形轮廓符号表示敏感元件,如图 0-9(a)所示。在轮廓符号内填入或加上适当的限定符号或代号,可以表示传感器的功能,表示测量的符号应写进三角形顶部,并用斜体字母书写;转换原理的符号应写进正方形中心部位,如图 0-9(b)—(d)所示。

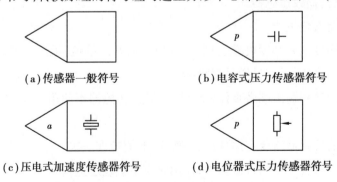

(a)传感器一般符号　　　　　(b)电容式压力传感器符号

(c)压电式加速度传感器符号　　　(d)电位器式压力传感器符号

图 0-9　传感器的图形符号

任务四　学会使用 Arduino 开发平台

一、Arduino 的发展历程

Arduino 是一款灵活便捷的开源电子原型平台,包含硬件(各种型号的 Arduino 板)和软件(Arduino IDE),由一个欧洲开发团队于 2005 年冬季开发。马西莫·班兹(Massimo Banzi)之前是意大利一家高科技设计学校的老师。他的学生们经常抱怨找不到便宜好用的微控制器。2005 年冬天,马西莫·班兹跟大卫·奎提耶斯(David Cuartielles)讨论了这个问题。大卫·奎提耶斯是一个西班牙籍晶片工程师,当时在班兹所在的学校做访问学者。两人决定自己设计电路板,并由班兹的学生大卫·梅利斯(David Mellis)为电路板设计编程语言。两天以后,大卫·梅利斯就写出了程式码。又过了 3 天,电路板完工了。马西莫·班兹喜欢去一家名叫 di Re Arduino 的酒吧,该酒吧是以 1 000 年前意大利国王 Arduino 的名字命名的。于是为了纪念这个地方,他将这块电路板命名为 Arduino。

随后,马西莫·班兹、大卫·奎提耶斯和大卫·梅利斯把设计图放到了网上。版权法可以监管开源软件,却很难用在硬件上,为了保持设计的开放源码理念,他们决定采用 Creative Commons(CC)授权方式公开硬件设计图。在这样的授权下,任何人都可以生产电路板的复制品,甚至还能重新设计和销售原设计的复制品。人们不需要支付任何费用,甚至不用取得 Arduino 团队的许可。然而,如果重新发布了引用设计,就必须声明原始 Arduino 团队的贡献。如果修改了电路板,则最新设计必须使用相同或类似的 CC 授权方式,以保证新版本的 Arduino 电路板也一样是自由和开放的。被保留的只有 Arduino 这个名字,它被注册成了商标,在没有官方授权的情况下不能使用它。

经过十几年的发展,Arduino 已经有了多种型号及众多衍生控制器。

二、Arduino 的特点

作为一个开放源码电子原型平台,Arduino 拥有灵活、易用的硬件和软件。Arduino 可以接收来自各种传感器的输入信号从而检测出运行环境,并通过控制光源、电动机以及其他驱动器来影响其周围环境。板上的微控制器编程使用 Arduino 编程语言和 Arduino 开发环境。

Arduino 可以独立运行,也可以与计算机上运行的软件(如 Flash,Processing,MaxMSP)进行通信。

目前,市场上还有许多其他的单片机和单片机平台,如 51 单片机、STM32 单片机等。但它们对于普通开发者来说门槛相对较高,需要有一定的编程基础和硬件基础,内部寄存器较为繁杂,主流开发环境 Keil 配置相对麻烦,特别是对 STM32 的开发,即使使用官方库也少不了环境配置,还有就是开发环境是收费的。

Arduino 不但简化了使用单片机工作的流程,还为教师、学生以及兴趣爱好者提供了一些其他系统不具备的优势:

①跨平台:Arduino IDE 可以在 Windows、Mac OS X、Linux 三大主流操作系统上运行,而其他的大多数控制器只能在 Windows 上运行。

②简单清晰的开发方式:Arduino IDE 基于 Processing IDE 开发,同时有着足够的灵活性,对于初学者来说,极易掌握。Arduino 语言基于 Wiring 语言开发,是对 AVR-GCC 库的二次封装,不需要太多的单片机基础、编程基础,简单学习后就可以快速地进行开发了。

③开放性:Arduino 的硬件原理图、电路图、IDE 软件及核心库文件都是开源的,在开源协议范围内可以任意修改原始设计及相应代码。

④社区与第三方支持:Arduino 有着众多开发者和用户,你可以找到他们提供的众多开源的示例代码、硬件设计。例如,可以在 Github. com、Arduino. cc、OpenJumper. com 等网站找到 Arduino 第三方硬件、外设、类库等支持,更快、更简单地扩展你的 Arduino 项目。

三、Arduino 开发板介绍

Arduino 开发板设计得非常简洁:一块 AVR 单片机、一个晶振或振荡器和一个 5 V 的直流电源。常见的开发板通过一条 USB 数据线连接计算机。Arduino 生态中包括多种开发板、模块、扩展板,其中最通用的是 Arduino UNO。另外,还有很多小型的、微型的、基于蓝牙和Wi-Fi 的变种开发板。图 0-10 所示的就是 Arduino UNO 开发板的实物图和参数。

Arduino UNO 的处理核心是 ATmega328P,它有 14 个数字输入/输出引脚(其中 6 个可用作 PWM 输出)、6 个模拟输入、16 MHz 晶振时钟、USB 连接、电源插孔、ICSP 接头和复位按钮。只需要通过 USB 数据线连接计算机就能供电、程序下载和数据通信。下面简单介绍 5类引脚:

①Power 引脚:开发板可提供 3.3 V 和 5 V 电压输出,Vin 引脚可用于从外部获取电源为开发板供电。

②Analog In 引脚:模拟输入引脚,开发板可读取外部模拟信号,A0 ~ A5 为模拟输入引脚。

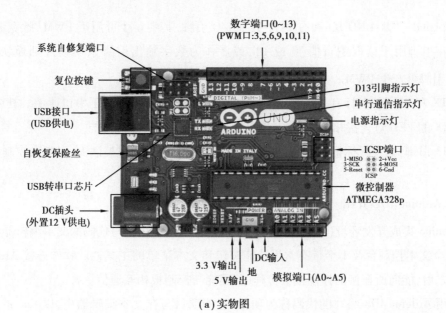

(a) 实物图

微控制器	ATmega328P
工作电压	5 V
输入电压 (推荐)	7~12 V
输入电压 (限制)	6~20 V
数字I／O引脚	14 (其中6个提供PWM输出)
PWM数字I／O引脚	6
模拟输入引脚	6
每个I／O引脚的直流电流	20 mA
3.3 V引脚的直流电流	50 mA
闪存	32 KB (ATmega328P)，其中0.5 KB由引导加载程序使用
SRAM	2 KB (ATmega328P)
EEPROM	1 KB (ATmega328P)
时钟速度	16 MHz
LED_BUILTIN	13
长度	68.6 mm
宽度	53.4 mm
质量	25 g

(b) 参数

图 0-10   Arduino UNO 硬件

③Digital 引脚:UNO R3 拥有 14 个数字 I/O 引脚,其中 6 个可用于 PWM(脉宽调制)输出。数字引脚用于读取逻辑值(0 或 1),或者作为数字输出引脚来驱动外部模块。标有"～"的引脚可产生 PWM。

④TX 和 RX 引脚:标有 TX(发送)和 RX(接收)的两个引脚用于串口通信。其中,标有 TX 和 RX 的 LED 灯连接相应引脚,在串口通信时会以不同速度闪烁。

⑤13 引脚:开发板标记第 13 引脚,连接板载 LED 灯,可通过控制 13 引脚来控制 LED 灯亮灭。

四、Arduino IDE 介绍

Arduino 集成开发环境(或是 Arduino IDE)包含了 1 个用于写代码的文本编辑器、1 个消息区、1 个文本控制台及 1 个带有常用功能按钮和文本菜单的工具栏。软件连接 Arduino 和计算机之后,能向所连接的控制板上传程序,还能与控制板相互通信。

使用 Arduino IDE 编写的代码称为项目,这些项目写在文本编辑器中,以 . ino 的文件形式保存,软件中的文本编辑器有剪切/粘贴和搜索/替换功能。当保存、输出以及出现错误时消息区会显示反馈信息。控制台会以文字形式显示 Arduino IDE 的输出信息,包括完整的错误信息以及其他消息。整个窗口的右下角会显示当前选定的控制板和串口信息。工具栏按钮包含验证、下载程序、新建、打开、保存及串口监视器的功能。Arduino IDE 开发环境界面如图 0-11 所示。

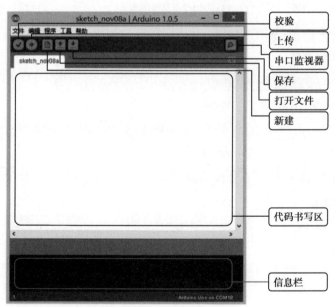

图 0-11　Arduino IDE 开发环境界面

1. 文件

新建——创建一个新的项目,项目中已经自动完成了一段 Arduino 程序的最小结构。

打开——允许通过计算机的文件管理器打开一个指定的项目。

Open Recent——提供一个最近打开过的项目列表,可以通过选择打开其中一个。

项目文件夹——显示目前项目文件夹中的项目,选择其中一个会在新的窗口中打开相应的代码。

示例——显示 Arduino IDE 或是库文件提供的每一个例子,所有这些例子通过树形结构显示,这样就能通过主题或库的名字找到对应的示例程序。

关闭——关闭当前选中的程序。

保存——用当前的名字保存项目,如果文件还没有命名,则会弹出"另存为"窗口要求输入一个名字。

另存为——允许用另一个名字保存当前的项目。

页面设置——显示用于打印的页面设置窗口。

打印——按照页面设置中的设定发送当前的项目给打印机。

首选项——打开首选项窗口能够自己设定 IDE 的参数,如 IDE 的语言环境。

退出——关闭所有 IDE 窗口,当下次打开 IDE 的时候会自动打开同样的项目。

2. 编辑

撤销——撤销编辑区的一步或多步操作。

重做——撤销之后,可以通过重做再执行一遍相应的操作。

剪切——删除选择的文本放置在剪切板中。

复制——复制选中的文本放置在剪切板中。

复制到论坛——复制项目中的代码放置在剪切板中,复制的内容包括完整的语法颜色提示,适合粘贴到论坛中。

复制为 HTML 格式——以 HTML 形式复制项目中的代码放置在剪切板中,适合将代码嵌入网页中。

粘贴——将剪切板中的内容放在编辑区的光标处。

全选——选中编辑区的所有内容。

注释/取消注释——在选中行的开头增加或移除注释标记符//。

增加缩进——在选中行的开头增加一段缩进的位置,文本内容会相应地向右移动。

减少缩进——在选中行的开头减少一段缩进的位置,文本内容会相应地向左移动。

查找——打开查找和替换窗口,在这个小窗口内可以根据几个选项在当前的项目中查找特定的文字。

查找下一个——高亮显示下一个在查找窗口中指定的文字(如果有的话),同时将光标移动到对应的位置。

查找上一个——高亮显示上一个在查找窗口中指定的文字(如果有的话),同时将光标移动到对应的位置。

3.程序

验证/编译——检查代码中的编译错误,代码和变量使用存储区的情况会显示在控制台上。

上传——编译并通过设定的串口上传二进制到选定的控制板当中。

使用编程器上传——这将覆盖控制板中的引导程序,因此需要使用"工具→上传引导程序"来恢复控制板,这样下次才能再通过 USB 串口上传程序。不过这种形式允许项目使用芯片的全部存储区。

导出编译的二进制文件——保存一个.hex 文件作为存档或是用其他工具给控制板上传程序。

显示项目文件夹——打开当前项目所在的文件夹。

加载库——在代码开头通过#include 的形式添加一个库文件到项目当中(更多细节请参考库当中的内容),另外,通过这个菜单项你能够访问库管理器,并且能够从.zip 文件中导入新库。

添加文件——添加源文件到项目中(会从当前位置复制过来)。新的文件会出现在项目窗口的新选项卡中。可以通过小三角形图标的选项卡菜单命令来删除文件,选项卡菜单位于串口监视器按钮的下方。

4.工具

自动格式化——格式化之后代码看起来会更美观,比如,大括号内的代码要增加一段缩进,而大括号内的语句缩进更多。

项目存档——将当前的项目以.zip 形式存档,存档文件放在项目所在的目录下。

修正编码及重载——修正了编辑字符与其他系统字符间可能存在的差异。

串口监视器——打开串口监视器口,通过当前选定的串口查看与控制板之间交互的数据。通常这个操作会重启控制器,如果当前控制板支持打开串口复位的话。

开发板——选择你使用的控制板,详细信息参考各个控制板的介绍。

端口——这个菜单包含了计算机上所有的串口设备(真的串口设备或虚拟的串口设备),每次打开工具菜单时,这个列表都会自动刷新。

编程器——如果不是通过 USB 转串口的连接方式给控制板或芯片上传程序,那么就需要通过这个菜单选择硬件的编程器。一般不需要使用这个功能,除非要为一个新的控制器上传引导程序。

上传引导程序——这个菜单项允许给 Arduino 上的微控制器上传引导程序,如果是正常使用 Arduino 或 Genuino 控制板,这个菜单项不是必需的,不过如果购买了一个新的 ATmega 微控制器(通常不包含引导程序),那么这个菜单项非常有用。在为目标板上传引导程序时要确保从"控制板"菜单中选择了正确的控制板。

5. 帮助

在这里你能够轻松地找到和 Arduino IDE 相关的各种文档。在未联网的情况下能够找到"入门""参考""环境""故障排除"以及其他本地文档,这些文档是网站资源的拷贝,通过它们能够链接到 Arduino 官方网站。

在参考文件中寻找——这是帮助菜单中唯一的交互功能,它能够根据光标选中的部分直接跳转到相关的参考文件。

五、案例

1. 软件安装

打开网页输入网址,下载 Arduino IDE 并安装。

2. 安装驱动

把 USB 一端插到 Arduino UNO 上,另一端连到计算机。连接成功后,UNO 板的电源指示灯 ON 亮起。然后,打开控制面板,选择"设备管理器"。找到"其他设备"→Arduino-xx,右击选择"更新驱动程序软件"。在弹出的对话框中选择"手动查找并安装驱动程序软件",打开到 Arduino IDE 安装位置,选择搜索路径到 drivers,单击"下一步"。选择"始终安装此驱动程序软件,直至完成"。驱动正确安装后,设备管理器端口会显示一个串口号,如图 0-12 所示。

3. 示例程序:BLINK 程序

插上 USB 线,在 Arduino IDE 文件→示例→Basics 里找到示例文件"Blink",如图 0-13 所示。

通常写完一段程序后需要校验,看看代码有没有错误。单击"校验",校验完毕后,信息栏会显示校验信息。由于是示例代码,校验不会有错误,如果是自己写的程序,则需要根据校验结果进行修改。

校验完成后就可以上传到 Arduino 了。上传之前,需要检查"工具→板卡"中所选择的板卡是否为 Arduino UNO,并且检查"工具→端口"中选择的串口是否正确。检查无误后,单击"上传"。

图 0-12　设备管理器中串口号

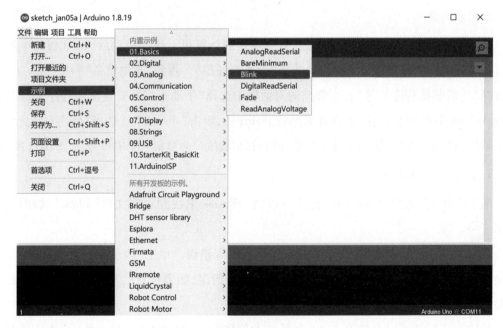

图 0-13　Blink 程序

　　程序上传结束后,可以看到代表 13 脚的 LED 开始闪烁,表明开发板卡正常运行。可以修改程序中 delay(1000)函数的参数,再次验证、上传、观察现象,其他样例程序或者自行修改程序重新下载后,开发板只运行当前的程序,上一次的程序会被自动擦除。

任务实施

控制外接 LED

一、实验原理

Arduino 控制外接 LED 的实验是初学者学习使用 Arduino 和硬件接口的一个非常基础且重要的项目。这个实验不仅帮助学习者理解数字信号的输出,还涉及基本的电路连接和 Arduino 编程。

Arduino 板上有多个数字 I/O 引脚,这些引脚可以配置为输入或输出模式。在这个实验中,我们将一个引脚配置为输出模式,用于输出高电平(5 V)或低电平(0 V)。将 LED 的长脚(正极)通过限流电阻连接到 Arduino 的 10 引脚,短脚(负极)连接到 Arduino 的 GND 引脚。在 Arduino IDE 中编写一个简单的程序,设置 10 引脚为输出模式,并在主循环中交替输出高电平和低电平。这样 LED 就会以一定的频率闪烁。

二、实验材料

实验材料清单见表 0-3。

表 0-3　实验材料清单

元器件及材料	说　明	数　量
Arduino UNO	或兼容板	1
LED		1
电阻	220 Ω	1
面包板		1
跳线		1 扎

三、硬件连线

引脚功能连接分配情况见表 0-4,其电路连线如图 0-14 所示。

表 0-4　引脚功能连接分配情况

Arduino	功　能
5 V	电源正极
GND	电源负极
A0	模拟接口(输入)

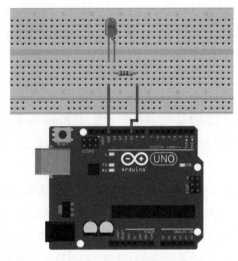

图 0-14　电路连线图

四、软件设计

```
int ledPin = 10;                    //定义数字 10 接口
void setup()
{
pinMode(ledPin, OUTPUT);            //定义小灯接口为输出接口
}
void loop()
{
digitalWrite(ledPin, HIGH);         //点亮小灯
delay(1000);                        //延时 1 s
digitalWrite(ledPin, LOW);          //熄灭小灯
delay(1000);                        //延时 1 s
}
```

五、程序分析

　　Arduino 的程序中,有两个基本部分:setup( )函数和 loop( )函数。Arduino 板通电或复位后,即开始执行 setup( )函数中的程序,该部分只会执行一次。通常我们会在 setup( )函数中完成 Arduino 的初始化设置,如配置 I/O 口状态、初始化串口等操作。在 setup( )函数中的程序执行完后,Arduino 会接着执行 loop( )函数中的程序。而 loop( )函数是一个死循环,其中的程序会不断地重复运行。通常我们会在 loop( )函数中完成程序的主要功能,如驱动各种模块,采集数据等。

void setup( ):初始化函数是最开始的时候运行一次。

void loop( ):死循环函数是执行函数,会不断循环工作。

pinMode(pin,mode):定义引脚模式,将数字 I/O 口指定为输入或输出模式。pin 指定引脚编号,mode(INPUT 或 OUTPUT)用来设定某个特定引脚是输入接口还是输出接口。

digitalWrite(pin,Value):将数字 I/O 口输出高电平或低电平,此引脚必须是前面定义过的输入或者输出模式,否则 digitalWrite 不生效。Value = HIGH 或 LOW,HIGH 和 LOW 用来表示高电平或者低电平。

delay(ms):延时多少时间后执行下一句,时间单位为毫秒。

任务评价

表 1　学生工作页

项目名称：			专业班级：	
组别：	姓名：		学号：	
计划学时			实际学时	
项目描述				
工作内容				
项目实施	1.获取理论知识			
	2.系统设计及电路图绘制			
	3.系统制作及调试			
	4.教师指导要点记录			
学习心得				
评价	考评成绩			
	教师签字		年　月　日	

表 2   项目考核表

项目名称:			专业班级:		
组别:		姓名:		学号:	
考核内容	考核标准		标准分值/分	得分/分	
学生自评	根据自己在项目实施过程中工作任务的轻重和多少、角色的重要性以及学习态度、工作态度、团队协作能力等表现,给出自评成绩		10		
学生互评	根据同学在项目实施过程中工作任务的轻重和多少、角色的重要性以及学习态度、工作态度、团队协作能力等表现,给出互评成绩		10		评价人
项目成果评价	总体设计	任务是否明确; 方案设计是否合理,是否有新意; 软件和硬件功能划分是否合理	20		
	硬件设计	传感器选型是否合理; 电路搭建是否正确合理	20		
	程序设计	程序流程图是否满足任务需求; 程序设计是否符合程序流程图设计	20		
	系统调试	各部件之间的连接是否正确; 程序能否控制硬件正常工作	10		
	学生工作页	是否认真填写	5		
	答辩情况	任务表述是否清晰	5		
教师评价					
项目成绩					
考评教师			考评日期		

📖 项目总结

　　本项目从传感器基础知识、传感器选型原则、检测技术等方面出发，介绍了传感器及检测技术在生产、生活等诸多领域中所处的重要地位。检测系统的精度在很大程度上决定着自动控制系统的控制精度。在现代工业生产，尤其是自动化生产过程中，要用到各种传感器来监视和控制生产过程中的各个参数，使设备工作在正常状态或最佳状态。测量系统的合理构成以及仪器和测量方法的合理选择，可以在最经济的条件下得到最理想的结果。

项目一
温度的检测

📖 项目引言

在工业生产和日常生活中,温度都是需要测量和控制的重要参数之一,各种类型的温度传感器在这个过程中起着重要作用。在工业生产、汽车、医疗卫生、家用电器以及食品存储等各个领域中,温度传感器根据需要被用于测量、监测、控制等。在日常生活中,我们也离不开温度的测量,气象台每天发布气象预报,以协助农业、海洋、军事以及人们的日常生活。在家用电器中,大量设备如电冰箱、电热水器、电饭煲、电熨斗、洗衣机等,都需要对温度进行测量。

本项目通过介绍温度传感器基础知识,再结合生活中常见的冰箱温度检测、室内温度检测等应用实例,让读者对温度传感器的特性、分类、工作原理以及测试方法有一定的理解,并初步具备电子产品设计和故障排查的能力。

📖 项目重难点及目标

知识重点	热敏电阻的结构、分类和主要参数; 热敏电阻的测温原理和测量电路; 常见集成温度传感器的工作原理和测量电路
知识难点	测量电路的原理
知识目标	了解热敏电阻的结构、分类和主要参数; 掌握热敏电阻的测温原理和测量电路; 掌握常见集成温度传感器的工作原理和测量电路
技能目标	能根据测量需求完成传感器选型工作
思政目标	引导学生认识温度传感器在各个领域中的重要作用,培养学生的社会责任感和使命感

任务一　热敏电阻测温

微课视频

知识准备

一、温度与温标

温度是表征物体冷热程度的物理量。温度是以热平衡为基础的:如果两个互相接触的物体温度不相同,它们之间就会产生热交换,热量将从温度高的物体向温度低的物体传递,直到两个物体达到相同的温度为止。温度的微观概念是:温度标志着物质内部大量分子的无规则运动的剧烈程度,温度越高,表示物体内部分子的无规则运动越剧烈。

温标是衡量温度高低的标尺,是描述温度数值的统一方法。温标明确了温度的单位、定义、固定点的数值等参数。各类温度计的刻度均由温标确定。国际上规定的温标有:摄氏温标、华氏温标、热力学温标和 1990 年国际温标等。

1. 摄氏温标

摄氏温标把在标准大气压下冰的熔点定为 0 ℃,把水的沸点定为 100 ℃。在这两固定点间划分 100 个等份,每等份为 1 ℃,符号为 t。

2. 华氏温标

华氏温标规定在标准大气压下,冰的熔点为 32 ℉,水的沸点为 212 ℉,两固定点间划分为 180 个等份,每一等份为 1 ℉,符号为 θ。它与摄氏温标的关系式为

$$\theta = 1.8t + 32$$

例如,20 ℃时的华氏温度 $\theta = (1.8 \times 20 + 32)$ ℉ = 68 ℉。现在一些西方国家在日常生活中仍然使用华氏温标。

3. 热力学温标

热力学温标是建立在热力学第二定律基础上的温标,是由开尔文(Kelvin)根据热力学定律总结出来的,因此又称为开氏温标。它的符号是 T,单位是开(K)。

热力学温标规定分子运动停止(即没有热存在)时的温度为绝对 0 K,水的三相点(气态、液态、固态三态同时存在且进入平衡状态)时的温度为273.16 K,把从绝对零度到水的三相点之间的温度平均分为273.16 格,每格为 1 K。

由于以前曾规定冰点温度为273.15 K,所以现在沿用这个规定,用下式进行热力学温标与摄氏温标的换算:

$$t = T - 273.15$$

或

$$T = t + 273.15$$

例如,100 ℃时的热力学温度 $T = （100+273.15）K = 373.15$ K。

4.1990 年国际温标(ITS-90)

国际计量委员会在 1968 年建立了一种国际协议性温标,即国际实用温标,简称 IPTS-68。这种温标与热力学温标基本吻合,其差值符合规定的范围,而且复现性好(在全世界用相同的方法,可以得到相同的温度值),所规定的标准仪器使用方便、容易制造。

在 IPTS-68 温标的基础上,根据第 18 届国际计量大会的决议,从 1990 年 1 月 1 日开始在全世界范围内采用 1990 年国际温标,简称 ITS-90。

ITS-90 定义了一系列温度的固定点、测量和重现这些固定点的标准仪器以及计算公式。例如,规定了氢的三相点为 13.803 3 K、氧的三相点为 54.358 4 K、汞的三相点为 234.315 6 K、水的三相点为 273.16 K(0.01 ℃)等。

ITS-90 规定了不同温度段的标准测量仪器。例如,在极低温度范围,用气体体积热膨胀温度计来对温度进行定义和测量;在氢的三相点和银的凝固点之间,用铂热电阻温度计来定义和测量,而在银的凝固点以上,用光学物射温度计来定义和测量等。

二、温度传感器的分类

1593 年,伽利略发明了气体温度计。约 100 年后,酒精温度计和水银温度计问世。随着现代工业技术的发展,金属丝电阻、温差电动势元件、双金属温度计相继出现。1950 年以后,人们又研制出了一种新的温度传感器——半导体热敏电阻。随着新型材料问世、加工工艺飞速发展,各种类型的温度传感器陆续出现。温度传感器是将温度的变化转换为电量变化的器件或装置,它利用敏感元件电量随温度变化而变化的特征实现测量目的。

温度传感器的分类方法很多,如按照测量方法分、按照测量的温度范围分、按照工作原理分、按照输出信号的类型分、按照具体用途分等。下面重点介绍按照测量方法分和按照测量的温度范围分。

（1）按照测量方法分

按照敏感元件是否与被测量接触，温度传感器可分为接触式和非接触式两类。

1）接触式温度传感器

在进行温度测量时，传感器直接与被测物体接触的温度传感器称为接触式温度传感器。

接触式温度传感器具有体积小、准确度高、复现性好、稳定性好等优点，但测量上限受感温元件耐温程度的限制，测量的温度范围一般为 -270 ~ 1 800 ℃。

典型的接触式温度传感器有热电阻、热敏电阻、热电偶及集成温度传感器等。测温时，由于被测物体的热量传递给传感器，降低了被测物体温度，尤其是被测物体热容量较小时，测量精度较低。因此，采用这种方式精确测量温度的前提条件是被测物体热容量足够大。

以下为一些接触式温度传感器的主要参数：

①常用热电阻：测温范围为 -260 ~ 850 ℃，分辨力为 0.001 ℃，改进后可连续工作 2 000 h，失效率小于 1%，使用期限一般为 10 年。

②热敏电阻：适用于在高灵敏度的微小温度测量场合，经济性好、价格便宜。

③管缆热电阻：测温范围为 20 ~ 500 ℃；上限为 1 000 ℃，精度为 0.5 级。

④陶瓷热电阻：测温范围为 -200 ~ 500 ℃；精度为 0.3 级、0.15 级。

⑤超低温热电阻：超低温热电阻包括两种碳电阻，测温范围分别为 -268.8 ~ 253 ℃、-272.9 ~ 272.99 ℃。

2）非接触式温度传感器

在测量温度时，传感器不与被测物接触的温度传感器称为非接触式温度传感器。非接触式温度传感器主要对被测物体热辐射发出的红外线进行测量，从而测量物体的温度，可进行遥测。

非接触式温度传感器的优点在于测温上限不受感温元件耐温程度限制，理论上可测温度没有上限。在测量温度时，此类传感器不会从被测物体上吸收热量，即不会干扰被测对象的温度场，连续测量不会产生温度的消耗，反应快，但是制造成本较高，测量精度较低。因此，对于上千摄氏度的高温环境（工业应用环境居多），主要采用非接触式温度传感器，如红外温度传感器进行温度测量。

以下为一些非接触式温度传感器的主要参数：

①辐射高温计：用来测量 1 000 ℃ 以上的高温，分为 4 种类型——光学高温计、比色高温计、辐射高温计和光电高温计。

②光谱高温计：苏联研制的 YCI-I 型自动测温通用光谱高温计，测温范围为 400 ~ 6 000 ℃，采用电子化自动跟踪系统保证有足够准确的精度进行自动测量。

③超声波温度传感器：特点是响应快（约为 10 ms）、方向性强。目前，国外有可测到

5 000 °F 的产品。

④激光温度传感器:适用于远程温度测量或特殊环境下的温度测量。如 NBS 公司运用氦氖激光源作光反射计可测量很高的温度,分辨率为1%;美国麻省理工学院在研制一种激光温度计,最高测量温度可达 8 000 ℃,专门用于核聚变研究;瑞士 Browa Borer 研究中心用激光温度传感器可测几千开尔文的高温。

(2)按照测量的温度范围分

按照测量的温度范围,温度传感器可分为极低温用传感器、低温用传感器、中温用传感器、中高温用传感器、高温用传感器和超高温用传感器等。不同类型温度传感器的特征与典型传感器见表 1-1。

表 1-1　温度传感器分类(按照测温范围分)

分类	测温范围	传感器名称
超高温用传感器	1 500 ℃ 以上	光学高温计、辐射传感器
高温用传感器	1 000 ~ 1 500 ℃	光学高温计、辐射传感器、热电偶
中高温用传感器	500 ~ 1 000 ℃	光学高温计、辐射传感器、热电偶
中温用传感器	0 ~ 500 ℃	热电偶、测温电阻器、热敏电阻、感温铁氧体、石英晶体测温仪、双金属温度计、压力式温度计、玻璃温度计、辐射传感器、晶体管、二极管、半导体集成电路传感器、可控硅
低温用传感器	-250 ~ 0 ℃	晶体管、热敏电阻、压力式玻璃温度计
极低温用传感器	-270 ~ 250 ℃	$BaSrTiO_3$ 陶瓷

三、热敏电阻的定义、分类、材料和结构

半导体热敏电阻是利用半导体材料的热敏特性工作的半导体电阻。热敏电阻大多是用对温度变化极为敏感的金属氧化物按照一定比例烧结而成的,其电阻值随温度变化而发生极为明显的变化。

热敏电阻温度灵敏度高、热惰性小、寿命长、体积小、结构简单、制造和维护成本较低、可以制成不同的外形,故已成为应用十分广泛的测温电阻。但热敏电阻也存在稳定性和互换性较差、阻温特性曲线非线性、测温范围较窄的缺点。

热敏电阻种类繁多,按其阻值随温度变化的特性不同可分为正温度系数(Positive Temperature Coefficient,PTC)热敏电阻、负温度系数(Negative Temperature Coefficient,NTC)热敏电阻和临界温度热敏电阻(Critical Temperature Resistor,CTR)。

1. 正温度系数热敏电阻

正温度系数热敏电阻主要有高分子材料 PTC 热敏电阻和陶瓷 PTC 热敏电阻两种,其中陶瓷 PTC 热敏电阻的过电耐受能力比高分子材料 PTC 的过电耐受能力强,但高分子材料 PTC 热敏电阻的响应速度比陶瓷 PTC 热敏电阻快。另外,陶瓷 PTC 热敏电阻不能实现低阻值,低阻值的 PTC 热敏电阻均采用高分子材料制成。我们常使用的 PTC 热敏电阻多为价格低廉、制造容易的陶瓷 PTC 热敏电阻,它多以钛酸钡($BaTiO_3$)为基本材料,再掺入适量的稀土元素,利用陶瓷工艺高温烧结而成。纯钛酸钡是一种绝缘材料,但掺入适量的稀土元素如镧(La)和铌(Nb)后,就变成了半导体材料,被称半导体化钛酸钡。PTC 热敏电阻温度特性曲线如图 1-1 中曲线 2 所示,当温度低于一定的温度(居里温度)时,其阻值基本维持稳定,当超过其居里温度时,其电阻值随着温度的升高呈阶跃性增高。PTC 热敏电阻常用于过压过流保护、电机辅助启动以及温度监测控制等。

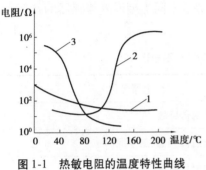

图 1-1　热敏电阻的温度特性曲线

2. 负温度系数热敏电阻

负温度系数热敏电阻以氧化锰、氧化钴、氧化镍、氧化铜和氧化铝等金属氧化物为主要原料,采用陶瓷工艺制造而成,这些金属氧化物都具有半导体性质。NTC 热敏电阻温度特性曲线如图 1-1 中曲线 1 所示,其阻值随温度升高而降低。NTC 热敏电阻常用于温度测量、温度补偿和抑制浪涌电流。

3. 临界温度热敏电阻

临界温度热敏电阻具有负电阻突变特性,其电阻温度特性曲线如图 1-1 中曲线 3 所示。在某一温度下,CTR 电阻值随温度的增加急剧减小,具有很大的负温度系数。CTR 是钒、钡、锶、磷等元素氧化物的混合烧结体,是半玻璃状的半导体,因此也称为玻璃态热敏电阻。骤变温度随添加锗、钨、钼等的氧化物而改变。CTR 能够用于控温报警等。

热敏电阻主要由热敏探头、引线、壳体构成,热敏电阻一般做成二端器件,但也有构成三端或四端的。二端和三端器件为直热式,即直接由电路中获得功率。四端器件则是旁热式的。根据不同的要求,可以把热敏电阻做成不同的形状结构,热敏电阻的结构形式如图 1-2 所示。

四、热敏电阻的原理

1. 正温度系数热敏电阻的工作原理

正温度系数热敏电阻所使用的半导体化钛酸钡是一种多晶体材料,晶粒之间存在着晶粒界面,对于电子而言,晶粒界面相当于一个位垒。当温度低时,由于半导体化钛酸钡内电场的作用,导电电子可以很容易地越过位垒,所以电阻值较小;当温度升高到居里点(即临界温度,钛酸钡的居里点为120 ℃)时,内电场受到破坏,不能帮助导电电子越过位垒,所以表现为电阻值的急剧增加。这种元件未达居里点前电阻随温度变化非常缓慢,具有恒温、调温和自动控温的功能,只发热,不发红,无明火,不易燃烧,可应用于交流、直流电压(3～440 V)场合,使用寿命长,非常适合用于电动机等电气装置的过热探测。

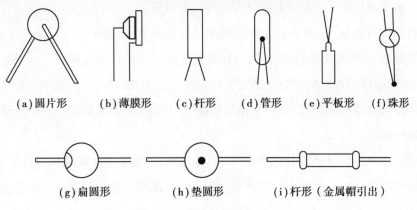

(a)圆片形　(b)薄膜形　(c)杆形　(d)管形　(e)平板形　(f)珠形

(g)扁圆形　　　(h)垫圆形　　　(i)杆形(金属帽引出)

图1-2　热敏电阻的结构形式

2. 负温度系数热敏电阻的工作原理

负温度系数热敏电阻所使用的金属氧化物材料都具有半导体性质,完全类似于锗、硅晶体材料,温度较低时内部的载流子(电子和空穴)数目少,电阻较高;温度升高,内部载流子数目增加,自然电阻值降低,NTC热敏电阻器在室温下的变化范围为100～1 000 000 Ω,温度系数为-2%～-6.5%。负温度系数热敏电阻类型很多,根据适用温度,可区分为低温(-60～300 ℃)、中温(300～600 ℃)、高温(>600 ℃)3种,具有灵敏度高、稳定性好、响应快、寿命长、价格低等优点,广泛应用于需要定点测温的温度自动控制电路,如冰箱、空调、温室等的温控系统。

3. 临界温度热敏电阻的工作原理

临界温度热敏电阻的阻温特性是由于不同杂质的掺入而造成的。若在适当的还原气氛中五氧化二钒变成二氧化钒,则电阻的急变温度变大;若进一步还原为三氧化二钒,则急变消失。产生电阻急变的温度对应于半玻璃半导体物性急变的位置,因此产生半导体-金属相移。

热敏电阻与简单的放大电路结合,就可检测千分之一摄氏度的温度变化,所以和电子仪表组成测温计,能完成高精度的温度测量。普通用途的热敏电阻的工作温度为-55～315 ℃,特殊低温热敏电阻的工作温度低于-55 ℃,可达-273 ℃。

五、参数及选型

1. 热敏电阻常用参数

实际使用中,我们需根据使用环境和项目要求来选择合适的热敏电阻,热敏电阻常用参数包括:

①标称阻值 R_c:一般指环境温度为 25 ℃时热敏电阻器的实际电阻值。

②实际阻值 R_T:在一定温度条件下所测得的电阻值。

③电阻温度系数 α_T:温度变化 1 ℃时的阻值变化率,单位为%/℃。

④时间常数 τ:在无功耗的状态下,当环境温度由一个特定温度向另一个特定温度突然改变时,热敏电阻体的温度变化量达到两个特定温度之差的 63.2% 所需的时间。热敏电阻器是有热惯性的,时间常数 τ 就是一个描述热敏电阻器热惯性的参数。τ 越小,表明热敏电阻器的热惯性越小。

⑤额定功率 P_M:在规定的技术条件下,热敏电阻器长期连续负载所允许的耗散功率。在实际使用时不得超过额定功率。若热敏电阻器工作的环境温度超过 25 ℃,则必须相应降低其负载。

⑥额定工作电流 I_M:热敏电阻器在工作状态下规定的名义电流值。

⑦工作温度 T_{max}:在规定的技术条件下,热敏电阻器长期连续工作所允许的温度。

⑧开关温度 t_b:PTC 热敏电阻器的电阻值开始发生跃增时的温度。

2. 热敏电阻选型

热敏电阻选型需要综合考量多方面因素,一般遵循下列原则:

①首先确定电路正常工作时的最大环境温度、电路中的工作电流、热敏电阻动作后需承受的最大电压及需要的动作时间等参数;

②根据工作环境的特点选择"芯片型""径向引出型""轴向引出型"或"表面贴装型"等不同形状的热敏电阻;

③根据最大工作电压,选择"耐压"等级大于或等于最大工作电压的产品;

④根据最大环境温度及电路中的工作电流,选择"维持电流"大于工作电流的产品;

⑤确认该规格热敏电阻的动作时间小于保护电路需要的时间;

⑥根据工作环境,确认该种规格热敏电阻的尺寸符合要求。

六、热敏电阻应用实例

1. 电动机过热保护

超负荷、缺相及机械传动故障等往往会造成电动机绕组过热,严重时会造成电动机烧毁。对电动机过热保护常用的方法是在电动机定子的绕组里埋设体积极小的 PTC 热敏电阻感温头,利用 PTC 热敏电阻正温度系数特性实现电动机过热保护。在正常情况下 PTC 热敏电阻处于低阻态,不影响电动机的正常运转。当电动机绕组过热时,PTC 热敏电阻受热阻值跃变,与之配合的保护器动作或者连接它的变频器出现故障报警,电动机停止运转,待排除故障后重新运转。这种保护方法的优点在于直接监测绕组内部的温度变化,在过热温度突破电动机的绝缘等级之前使电动机得到保护。电动机过热保护的原理图如图 1-3 所示,图中 R_{t1}、R_{t2}、R_{t3} 三支特性相同的 PTC 开关型热敏电阻,分别和 R_2、R_3、R_4 组成分压器,并通过 VD_1、VD_2、VD_3 接到 VT_1 基极。当某一绕组过热时,绕组上安装的热敏电阻阻值急剧增大,分压点电压升高,使 VT_1 和 VT_2 导通,继电器动作,切断接触器 KM,使电动机得到保护。

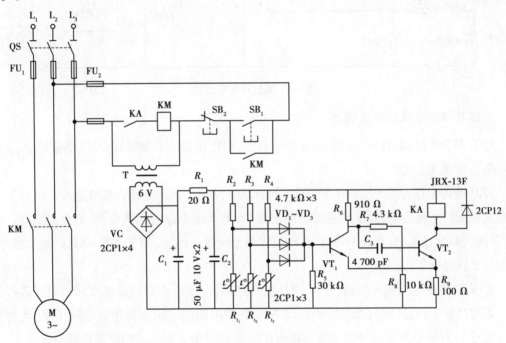

图 1-3　电动机过热保护原理图

2. 液位报警

在图 1-4 所示的液位报警电路中,当液位下降,热敏电阻暴露在空气中时,散热变差导致温度上升,阻值变大,热敏电阻上分压 U_8 变大,但未超过阈值,集成电路输出端导通,LED3 导通,显示空箱。同时通过达林顿管 BD646,打开电磁阀充液。当热敏电阻完全浸入液体中时,U_8 降到 U_7 阈值以下,输出 A 接通 LED1,显示箱满。当传感器断开,U_8 大于阈值,输出 B 接通 LED2,显示已切断信号。

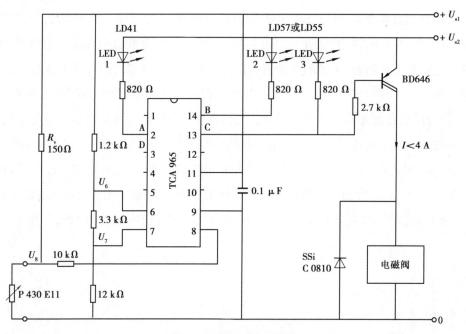

图 1-4　液位报警电路图

3. LED 照明系统的温度检测

LED 照明系统拥有耗电量低、寿命长等特点,但使用方法不当时,会出现寿命缩短、发光效率降低等情况。

LED 器件中作为发光层的半导体 PN 接合面会发热。该温度称为接合温度。流过 LED 的电流变大时亮度会提高,发热量也会随之增加,那么接合温度就将变高,寿命将缩短。此外,若接合温度过低,发光效率将会下降,亮度就会降低。因此,为了发挥 LED 的最大效率,需要以最佳温度工作。

将 NTC 热敏电阻嵌入电路,并与 LED 进行热耦合,便可作为简易温度保护电路进行工作。若与最佳工作温度存在偏差,则会以 NTC 热敏电阻的电阻变化形式表现出来,此时将会对流过 LED 的电流进行补偿。最终将会在降低 LED 电力损耗的同时实现长寿命。

任务实施

热敏电阻测温实验

一、实验原理

热敏电阻是一种以过渡金属氧化物为主要原材料,经高温烧结而成的半导体陶瓷组件。其典型特点是阻值对温度非常敏感,在不同的温度下会表现出不同的电阻值,从而根据表现的电阻值逆推导得到其所处的环境温度值。综上,热敏电阻具有灵敏度高、体积小、热容量小、响应速度快、价格低廉等优点。

由于具有不同的特性,热敏电阻的用途也是不同的。PTC 热敏电阻一般用作加热元件和过热保护;NTC 热敏电阻一般用于温度测量和温度补偿;CTR 一般用于温控报警等。

图 1-5 为 NTC 热敏电阻实物图,图中所示的分别为 NTC 10D-9 和 NTC 5D-7。其中,10D-9 和 5D-7 代表其型号,10D-9 表示常温(25 ℃)阻值为 10 Ω,直径为 9 mm;5D-7 表示常温(25 ℃)阻值为 5 Ω,直径为 7 mm。表 1-2 为 D-9 系列热敏电阻参数规格。

图 1-5　NTC 热敏电阻实物图

表 1-2　D-9 系列热敏电阻参数

规格	额定零功率电阻值 (@25 ℃)/Ω	最大稳态电流 (@25 ℃)/A	最大稳态电流下的残余电阻 (@25 ℃)/Ω	B 值 (±10%) /K	热时间常数/s	热耗散系数 /(mW·℃$^{-1}$)	工作温度范围/℃
3D-9	3	4	0.120	2 600	<35	>11	−40~175
4D-9	4	3	0.190	2 600	<35	>11	−40~175
5D-9	5	3	0.210	2 600	<34	>11	−40~175
6D-9	6	2	0.315	2 600	<34	>11	−40~175
7D-9	7	2	0.326 5	2 800	<34	>11	−40~175
8D-9	8	2	0.400	2 800	<32	>11	−40~175
10D-9	10	2	0.458	2 800	<32	>11	−40~175
12D-9	12	1	0.652	2 800	<32	>11	−40~175
16D-9	16	1	0.802	2 800	<31	>11	−40~175

NTC 热敏电阻的电阻值随着温度的上升而下降,利用这一特性,可通过测量其电阻值来确定相应的温度,从而达到温度监测的目的。由于 Arduino 不能直接测量 NTC 热敏电阻的阻值,只能测量热敏电阻的电压,通常我们会先将两个电阻串联,然后通过分压比算出热敏电阻的电压,接着算出热敏电阻阻值,最后通过热敏电阻阻值与温度的关系,计算出温度值。

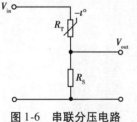

图 1-6　串联分压电路

如图 1-6 所示,

$$R_T = R_S \times (V_{in} - V_{out})/V_{out}$$

NTC 热敏电阻的阻值与温度的关系为:

$$R_T = R_o \times e^{\{B \times [1/(T_1 - T_2)]\}}$$

其中,T_1 和 T_2 指的是开尔文温度,T_1 为待测温度,$T_2 = (273.15+25)$ K,R_T 是热敏电阻在 T_1 下的阻值,R_o 是热敏电阻在常温下的标称阻值。B 是热敏电阻的材料常数,也称为热敏系数。

通过转换可以得到 T_1 与 R_T 的关系为：

$$T_1 = 1/[\ln(R_T/R)/B + 1/T_2]$$

对应的待测摄氏温度为：

$$t = T_1 - 273.15$$

二、硬件设计

实验材料清单见表 1-3。

表 1-3　实验材料清单

元器件及材料	说　明	数　量
Arduino UNO	或兼容板	1
热敏电阻	25 ℃时, R 为 10 kΩ, B 为 2 800	1
电阻	10 kΩ	1
面包板		1
跳线		1 扎

注:如果找不到与表中参数一样的热敏电阻,可以在程序中改变热敏电阻的参数值。

引脚功能连接分配情况见表 1-4,其电路布局如图 1-7 所示。

表 1-4　引脚功能连接分配情况

Arduino	功　能
5 V	电源正极
GND	电源负极
A0	模拟接口(输入)

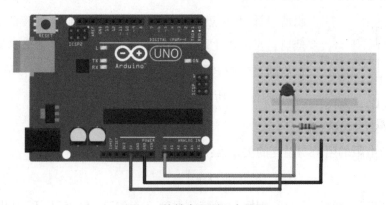

图 1-7　热敏电阻测温布局图

三、软件设计

1. 软件参考程序

```
#include<math.h>
const float voltagePower=5;        //供电电压
const double R1=10.0;              //分压电阻的阻值,注意单位是 kΩ
const double R=10.0;               //热敏电阻常温下的阻值,注意单位是 kΩ
const int B=2800;
const double T2=273.15+25;
void setup(){
Serial.begin(9600);
}
void loop(){
double digitalValue=analogRead(A0);   //获得 A0 处的模拟量
double voltageValue=(digitalValue/1023)* voltagePower;  //将模拟量换
                                                          算转换为电
                                                          压值
double Rt=R1*(voltagePower-voltageValue)/voltageValue;   //计算热敏
                                                          电阻阻值

float celsius=1/((log(Rt/R))/B+1/T2)-273.15;
Serial.print("Current registor value=");
Serial.print(Rt);
Serial.println("KΩ");
Serial.print("Current temperature value=");
Serial.print(celsius);
Serial.println("℃");
delay(3000);
}
```

2. 程序分析

Arduino UNO 控制器通过模拟输入端口测量串联电阻上的电压值,然后利用串联分压公式计算出热敏电阻的阻值,最后利用热敏电阻阻值与温度的关系计算出温度值。

Serial. begin(speed):本指令用于开启串口,通常置于 setup( )函数中。speed:波特率,一般取值 9 600,115 200 b/s 等。

analogRead(pin):本指令用于从 Arduino 的模拟输入引脚读取数值。pin:被读取的模拟引脚号码。返回值:0 到 1 023 之间的值(Arduino 控制器有多个 10 位数模转换通道)。

这意味着 Arduino 可以将 0~5 V 的电压输入信号映射到数值 0~1 023,即 0 V 的输入信号对应着数值 0,而 5 V 的输入信号对应着 1 023。返回值(value)对应电压(单位:V)计算公式为:

$$U = value \times 5.0/1\,024$$

注意:Arduino 控制器读取一次模拟输入需要消耗 100 μs 的时间(0.000 1 s)。控制器读取模拟输入的最大频率是每秒 10 000 次。在模拟输入引脚没有任何连接的情况下,用 analogRead( )指令读取该引脚,这时获得的返回值为不固定的数值。这个数值可能受到多种因素影响,如将手靠近引脚也可能使得该返回值产生变化。

Serial. print(val):串口输出数据,写入字符数据到串口。val:打印的值,任意数据类型。

Serial. println(val):串口输出数据并换行。val:打印的值,任意数据类型。

串口输出效果如图 1-8 所示。

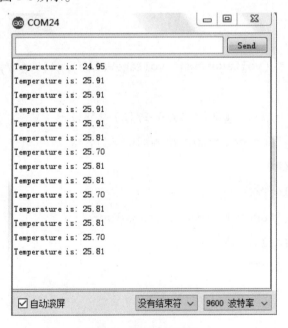

图 1-8　串口输出效果

任务评价

表 1　学生工作页

项目名称：		专业班级：	
组别：	姓名：	学号：	
计划学时		实际学时	
项目描述			
工作内容			
项目实施	1．获取理论知识		
	2．系统设计及电路图绘制		
	3．系统制作及调试		
	4．教师指导要点记录		
学习心得			
评价	考评成绩		
	教师签字	年　月　日	

表 2 项目考核表

项目名称：			专业班级：		
组别：		姓名：		学号：	
考核内容	考核标准		标准分值/分	得分/分	
学生自评	根据自己在项目实施过程中工作任务的轻重和多少、角色的重要性以及学习态度、工作态度、团队协作能力等表现,给出自评成绩		10		
学生互评	根据同学在项目实施中工作任务的轻重和多少、角色的重要性以及学习态度、工作态度、团队协作能力等表现,给出互评成绩		10		评价人
项目成果评价	总体设计	任务是否明确; 方案设计是否合理,是否有新意; 软件和硬件功能划分是否合理	20		
	硬件设计	传感器选型是否合理; 电路搭建是否正确合理	20		
	程序设计	程序流程图是否满足任务需求; 程序设计是否符合程序流程图设计	20		
	系统调试	各部件之间的连接是否正确; 程序能否控制硬件正常工作	10		
	学生工作页	是否认真填写	5		
	答辩情况	任务表述是否清晰	5		
教师评价					
项目成绩					
考评教师			考评日期		

任务二　集成温度传感器

微课视频

知识准备

一、定义、分类及原理

集成温度传感器是利用晶体管 PN 结正向压降随温度升高而降低的特性,将晶体管的 PN 结作为温敏元件,把温敏元件放大、运算和线性补偿等电路采用微电子技术和集成工艺集成在一块芯片上,从而构成集测量、放大、电源供电回路于一体的高性能测温传感器。集成温度传感器具有输出线性好、精度高、体积小、价格低、抗干扰能力强、使用方便、价格便宜等优点。虽然受 PN 结耐热能力和特性范围的限制,其只能用来测量 150 ℃以下的温度,但 PN 结仍然在很多领域得到了广泛应用。目前,常用的集成温度传感器有 AD590、TMP17、LM35、AN6701S 等。

按照输出信号类型的不同,集成温度传感器可分为电压型、电流型、数字输出型 3 种类型。

其中,电压型集成温度传感器将温度传感器基准电压、缓冲放大器集成在同一芯片上,制成一四端器件。其输出电压高、线性输出为 10 mV/℃,输出阻抗低,故不适合长线传输。此类传感器特别适合工业现场测量。

电流型集成温度传感器是把线性集成电路和与之相容的薄膜工艺元件集成在一块芯片上,再通过激光修版微加工技术,制造出性能优良的测温传感器。其输出电流正比于热力学温标,为 1 μA/K。因其输出恒流,所以输出阻抗很高,其值可达 10 MΩ。这为远距离传输深井测温提供了一种新型器件。

数字输出型集成温度传感器将测温 PN 结传感器、高精度放大器、多位 A/D 转换器、逻辑控制电路、总线接口等集成在一块芯片上,通过总线接口,将温度数据传送给如单片机、PC、PLC 等上位机,由于采用数字信号传输,所以不会在模拟信号传输时产生由电压衰减造成的误差,抗电磁干扰的能力也比模拟传输强得多。

二、常用集成温度传感器简介

1. AD590

AD590 是 ANALOG DEVICES 公司的单片集成两端感温电流源,是利用 PN 结构正向电流与温度变化呈线性关系制成的电流输出型两端温度传感器(热敏器件)。供电电压范围为 4 ~ 30 V,输出电流为 223 μA(−50 ℃) ~ 423 μA(+150 ℃),灵敏度为 1 μA/℃。当在电路中串接采样电阻 R 时,R 两端的电压可作为输出电压。注意 R 的阻值不能取得太大,以保证 AD590 两端电压不低于其最低供电电压。AD590 输出电流信号传输距离可达到 1 km 以上。作为一种高阻电流源,它不必考虑选择开关或 CMOS 多路转换器所引入的附加电阻造成的误差,因此适用于多点温度测量和远距离温度测量的控制,其常用封装图如图 1-9 所示。

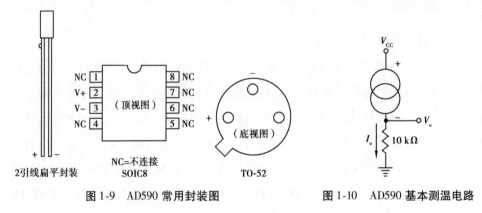

图 1-9　AD590 常用封装图　　　　图 1-10　AD590 基本测温电路

AD590 的引脚多为 3 个,其中只用了两个引脚(即+、−),第 3 个脚可以不用,是接外壳作屏蔽用的。测量温度时把整个器件放到需要测温度的地方。

AD590 基本测温电路如图 1-10 所示。其输出电流是以绝对温度零摄氏度(−273 ℃)为基准,每增加 1 ℃,它会增加 1 μA 输出电流,因此在室温 25 ℃时,其输出电流 I_o =(273+25)= 298 μA。该电流由图中 10 kΩ 电阻转换成电压。

2. DS18B20

DS18B20 数字温度传感器是 DALLAS 公司生产的单总线器件,具有线路简单、体积小的特点。因此,用它组成测温系统,则线路简单,在一根通信线上可以挂很多这样的数字温度计,十分方便。DS18B20 型号多种多样,有 LTM8877,LTM8874 等,主要根据应用场合的不同而改变其外观。封装后的 DS18B20 可用于电缆沟测温、高炉水循环测温、锅炉测温、机房测温、农业大棚测温、洁净室测温、弹药库测温等各种非极限温度场合的测温。其耐磨耐碰,体积小,使用方便,封装形式多样,适用于各种狭小空间设备数字测温和控制领域。

DS18B20 主要特点为：

①只要求一个端口即可与单片机实现双向通信。

②每片 DS18B20 上都有独一无二的序列号，可灵活组建测温网络。

③实际应用中外部不需要任何元器件即可实现测温。

④测温范围在−55 ~ 125 ℃，固有测温分辨率0.5 ℃。

⑤数字温度计的分辨率可以选择从9 位到12 位数字读出方式。

⑥内部有温度上、下限告警设置。

⑦电源电压范围为3.0 ~ 5.5 V，也可通过数据线供电。

⑧12 位数字输出时最大转换时间75 ms。

⑨用户可自定义非易失性告警设置。

DS18B20 测温原理如图 1-11 所示。图中低温度系数晶振的振荡频率受温度影响很小，用于产生固定频率的脉冲信号送给计数器1。高温度系数晶振随温度变化其振荡率明显改变，所产生的信号作为计数器 2 的脉冲输入。计数器 1 和温度寄存器被预置在−55 ℃所对应的一个基数值。计数器 1 对低温度系数晶振产生的脉冲信号进行减法计数，当计数器 1 的预置值减到 0 时，温度寄存器的值将加 1，计数器 1 的预置将重新被装入，计数器 1 重新开始对低温度系数晶振产生的脉冲信号进行计数，如此循环直到计数器 2 计数到 0 时，停止温度寄存器值的累加，此时温度寄存器中的数值即为所测温度。图中的斜率累加器用于补偿和修正测温过程中的非线性，其输出用于修正计数器 1 的预置值。

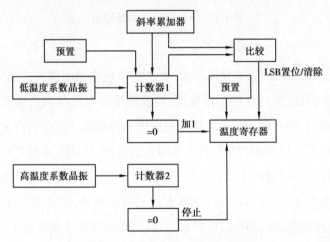

图 1-11　DS18B20 测温原理图

图 1-12 所示为 DS18B20 的两种封装形式，图中引脚 I/O 为数字信号输出输入端，UDD 为外部电源端，GND 为接地端，NC 为空引脚。

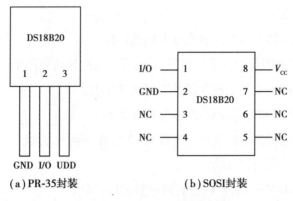

（a）PR-35封装　　　　　　（b）SOSI封装

图 1-12　DS18B20 两种封装形式

DS18B20 内部结构主要由 4 个部分组成:64 位光刻 ROM 、温度传感器、非挥发的温度报警触发器 TH 和 TL、配置寄存器,如图 1-13 所示。

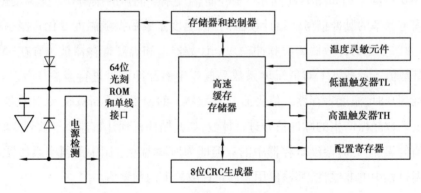

图 1-13　DS18B20 内部结构图

3. LM35

LM35 是 NS 公司(美国国家半导体公司)生产的集成电路温度传感器系列产品之一,它具有很高的工作精度和较宽的线性工作范围,该器件输出电压与摄氏温度呈线性比例。因此,从使用角度来说,与用开尔文标准的线性温度传感器相比,LM35 更有优越之处,LM35 无须外部校准或微调,可以提供±0.25 ℃的常用的室温精度。LM35 系列是精密集成电路温度传感器,生产制作时已经经过校准,输出电压与摄氏度一一对应,使用极为方便。灵敏度为 10.0 mV/℃,精度为 0.4 ~ 0.8 ℃(−55 ~ 150 ℃内),重复性好,输出低阻抗,线性输出和内部精度校准使其与读出或控制电路接口简单和方便,可单电源和正负电源工作。LM35 有多种不同封装形式,外观如图 1-14 所示。

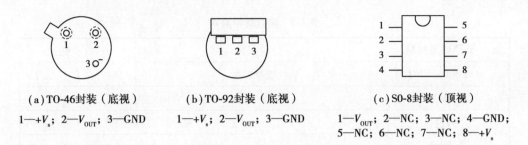

（a）TO-46封装（底视）　　　　（b）TO-92封装（底视）　　　　（c）S0-8封装（顶视）

1—$+V_s$；2—V_{OUT}；3—GND　　1—$+V_s$；2—V_{OUT}；3—GND　　1—V_{OUT}；2—NC；3—NC；4—GND；
5—NC；6—NC；7—NC；8—$+V_s$

图 1-14　LM35 常见封装形式

任务实施

集成温度传感器 LM35 测温实验

一、实验原理

LM35 是一款电压型精密温度传感器，测温范围为 0～100 ℃，其输出电压与摄氏温标呈线性关系，转换公式如下所示。在 0 ℃时 LM35 输出为 0 V，温度每升高 1 ℃，输出电压升高 10 mV。

$$V_{OUT_{LM35}} = 10 \times T$$

LM35 有多种不同封装形式，在常温下，LM35 不需要额外校准处理即可达到±0.25 ℃的准确率。因为温度传感器 LM35 的输出在 0～1 000 mV 变化，所以集成温度传感器输出端可以直接接入 3 位半数字显示表进行温度测量，电路原理图如图 1-15 所示。

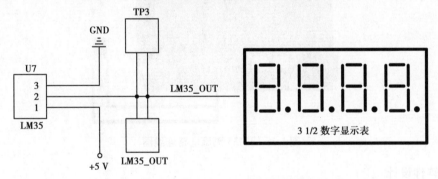

图 1-15　LM35 集成温度传感器测温电路原理图

二、硬件设计

1. 实验材料

实验材料清单见表 1-5。

表 1-5　实验材料清单

元器件及材料	说　明	数　量
Arduino UNO	或兼容板	1
LM35		1
面包板		1
跳线		1 扎

2. 硬件连接

引脚功能连接分配情况见表 1-6,其电路布局如图 1-16 所示。

表 1-6　引脚功能连接分配情况

Arduino	功　能	LM35	功　能
5 V	电源正极	VCC	正极
GND	电源负极	GND	负极
A0	模拟接口(输入)	OUT	信号输出

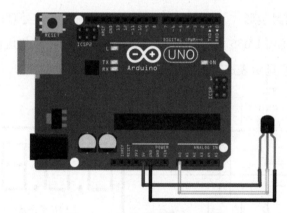

图 1-16　LM35 测温电路连线图

三、软件设计

1. 软件参考程序

```
int val;        //定义一个变量保存在 Arduino 内存中,它可以用来保存数据
float temp;     //温度值
void setup()
{
  Serial.begin(9600);        //设置串口波特率为 9 600 b/s
```

```
}
void loop()
{
  val = analogRead(A0);    //读取 LM35 的输出
  temp = (val * 5)/10.23; //将输出数值转换为以摄氏度为单位
  Serial.print("The temperature for LM35 is ");   //打印温度
  Serial.print(temp);
Serial.println(℃);
delay(2000);              //延时 2 s
}
```

2. 程序分析

①设置控制器和计算机通信时数据传输速率值,一般用波特率来表示。串口初始化代码 Serial. begin(9600)。

②Arduino UNO 控制器通过模拟输入端口测量 LM35 输出的电压值。

③通过 10 mV/℃ 的比例系数计算出温度数值。

说明:Arduino UNO 控制器的参考电压为 5 V(A0 返回值 1 023 时代表 5 V),因此读取的 A0 口电压与 LM35 输出电压转换关系为 5×n×1 000÷1 023(mV)(n 为模拟引脚的返回值)。在 100 ℃ 时,LM35 输出电压值为 1 000 mV,根据比例系数,可以得到温度值=(5×n×1 000÷1 023)÷10(℃)。

串口输出效果如图 1-17 所示。

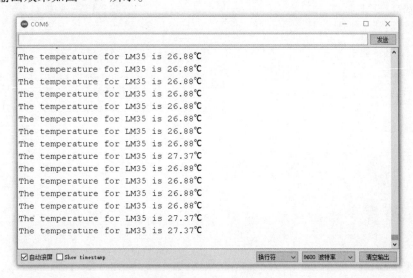

图 1-17　串口输出效果

任务评价

表1　学生工作页

项目名称：		专业班级：	
组别：	姓名：	学号：	
计划学时		实际学时	
项目描述			
工作内容			
项目实施	1. 获取理论知识		
	2. 系统设计及电路图绘制		
	3. 系统制作及调试		
	4. 教师指导要点记录		
学习心得			
评价	考评成绩		
	教师签字	年　月　日	

表 2　项目考核表

项目名称:				专业班级:		
组别:			姓名:		学号:	
考核内容		考核标准		标准分值/分	得分/分	
学生自评		根据自己在项目实施过程中工作任务的轻重和多少、角色的重要性以及学习态度、工作态度、团队协作能力等表现,给出自评成绩		10		
学生互评		根据同学在项目实施中工作任务的轻重和多少、角色的重要性以及学习态度、工作态度、团队协作能力等表现,给出互评成绩		10		评价人
项目成果评价	总体设计	任务是否明确; 方案设计是否合理,是否有新意; 软件和硬件功能划分是否合理		20		
	硬件设计	传感器选型是否合理; 电路搭建是否正确合理		20		
	程序设计	程序流程图是否满足任务需求; 程序设计是否符合程序流程图设计		20		
	系统调试	各部件之间的连接是否正确; 程序能否控制硬件正常工作		10		
	学生工作页	是否认真填写		5		
	答辩情况	任务表述是否清晰		5		
教师评价						
项目成绩						
考评教师				考评日期		

任务实施

科学精神的培养——温度报警器

一、实验原理

温度报警器的功能是:当温度到达设定的限定值时,报警器就会发出响声,可适用于厨房等场合的温度检测报警等。在这个项目中,我们仍然采用 LM35 作为温度传感器,除此之外我们还要用到蜂鸣器,当环境温度超过 25 ℃时,产生声音报警。

二、硬件设计

1. 实验材料

实验材料清单见表1-7。

表 1-7　实验材料清单

元器件及材料	说　明	数　量
Arduino UNO	或兼容板	1
LM35		1
蜂鸣器	有源蜂鸣器	1
LED	5 mm,红色	1
电阻	220 Ω	1
面包板		1
跳线		1 扎

2. 硬件连接

引脚功能连接分配情况见表1-8,其电路布局如图1-18 所示。

表 1-8　引脚功能连接分配情况表

Arduino	功　能	LM35	功　能
5 V	LM35 VS	VCC	正极
GND	LM35 GND	GND	负极
A0	LM35 信号引脚(输入)	OUT	信息输出
D8	蜂鸣器正极		

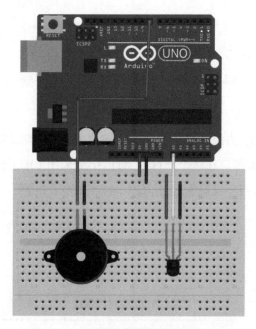

图 1-18 LM35 温度报警器电路连线图

三、软件设计

1. 软件参考程序

```
int beep=8;
int val;                           //用于存储 LM35 读到的值
float temp;                        //用于存储已转换的温度值


void setup(){
    pinMode(beep, OUTPUT);         //蜂鸣器引脚设置
    Serial.begin(9600);           //设置串口波特率为 9 600 b/s
}
void loop(){
    val=analogRead(A0);            //LM35 连到模拟口,并从模拟口读值
    temp= val * (5/10.23);        //得到电压值,通过公式换成温度
    Serial.print("The temperature is ");  //打印温度
    Serial.print(temp);
Serial.println("℃");
    if(temp>25)                    //如果温度大于 25 ℃,蜂鸣器响
```

```
{
    digitalWrite(beep,HIGH);
delay(2000);
}
else    //如果温度小于25 ℃,关闭蜂鸣器
{
    digitalWrite(beep,LOW);
    }
}
```

2.程序分析

通过 if…else 语句,用户可以让 Arduino 判断某一个条件是否达到,并且根据这一判断结果执行相应的程序。结构如下:

```
if(表达式1)
{语句块1}
else
{语句块2}
```

表达式结果为真时,执行语句1,放弃语句2的执行,接着跳过 if 语句,执行 if 语句的下一条语句;如果表达式结果为假时,执行语句2,放弃语句1的执行,接着跳过 if 语句,执行 if 语句的下一条语句。无论如何,对于一次条件的判断,语句1和语句2只能有一个被执行,不能同时被执行。

四、拓展作业

请同学们将上面的温度报警器再结合 LED 灯进行创意实践。比如,温度小于等于25 ℃时,亮绿灯,不报警;温度在25～35 ℃时,亮黄灯,不报警;温度大于35 ℃时,亮红灯,蜂鸣器发出报警。

温度报警器广泛应用于工业监测、环境监测,请发挥你的想象,看看它还有哪些有趣的用途。

📖 项目总结

温度是反映物体冷热程度的物理量,是物体内部分子无规则运动剧烈程度的标志。温度测量方法按照感温元件是否与被测温对象接触,分为接触式测量和非接触式测量两种。

本项目通过两个工作任务的分析和详解,重点介绍了接触式测量方法中的热电阻、热敏电阻、集成温度传感器工作原理及其应用。

①热电阻式传感器利用半导体或导体的电阻随温度变化而变化的性质工作,常用于对温度和与温度有关的参量进行检测,广泛用于测量中、低温度。热电阻式传感器分为金属热电阻传感器和半导体热敏电阻传感器两类,前者称为热电阻,后者称为热敏电阻。热敏电阻按温度系数可分为负温度系数热敏电阻、正温度系数热敏电阻和临界温度系数热敏电阻三大类,广泛应用于温度测量、电路的温度补偿和温度控制等。

②集成温度传感器将温度敏感器件、信号放大电路、温度补偿电路、基准电源电路等在内的各个单元集成在一块极小的半导体芯片内,因而具有测量精度高、线性度好、灵敏度高、体积小、稳定性好、输出信号大等优点。

项目二
环境量的检测

📖 项目引言

在科学研究、工农业生产、环境保护和日常生活中,对环境量参数进行检测和控制得到了越来越广泛的重视和应用,而各种环境量检测传感器的准备是这个过程的首要环节。

工业废气、汽车尾气、室内有毒气体、易燃易爆气体以及其他有害气体直接威胁着人们的生命和财产安全。为了保护人类赖以生存的自然环境,避免不幸事故的发生,必须对各种有害气体或可燃性气体进行准确有效的检测与控制,这就要用到各种气敏传感器。

湿度是空气环境的一个重要指标,在工农业生产、环保、国防、科研等领域对湿度都有严格的要求。例如,在集成电路制造车间,当其相对湿度低于30%时,容易产生静电而影响生产。农业生产中植物要求高湿度环境,而粮仓则必须保持干燥的环境,否则粮食容易霉变。对湿度进行检测和控制,就要用到各种湿度传感器。

本项目介绍气敏传感器和湿度传感器的基本知识,并结合生活中常见的厨房可燃性气体检测和房间湿度检测两个应用实例,让读者对气敏传感器和湿度传感器的特性、分类、工作原理及测量方法有一定的了解,同时初步具备产品设计和故障排查的能力。

📖 项目重难点及目标

知识重点	气敏传感器的特性与分类; 湿度传感器的特性与分类
知识难点	湿度传感器测量电路的搭建; 气敏传感器测量电路的搭建
知识目标	掌握湿度传感器的工作原理和测量电路; 掌握气敏传感器的工作原理和测量电路
技能目标	能够根据测量需要完成传感器的选型工作
思政目标	通过对一种利用气敏传感器制作的厨房可燃气体检测仪的介绍,帮助学生树立安全意识,引导学生尊重生命、热爱生命、敬畏生命

微课视频

任务一　厨房可燃性气体的检测

知识准备

在煤矿、石油化工、市政、医疗、交通运输、家庭等安全防护方面,气敏传感器常用于探测可燃、易燃、有毒气体的浓度或氧气的消耗量等;在电力工业等生产制造领域,也常用于定量测量烟气中各种成分的浓度,以判断燃烧情况和有害气体的排放量等;在大气环境检测领域,气敏传感器被用于判定环境污染状况等。

本任务通过设计一款厨房可燃性气体检测装置,介绍常见气敏传感器的性能指标及分类、工作原理及测量电路、选用原则等知识,让读者初步具备传感器选型、测量电路设计、器件调试与维护能力。

对气体的检测已经是保护和改善居住环境不可或缺的手段,气敏传感器在其中发挥着极其重要的作用。家庭厨房所用的热源有煤气、天然气、石油液化气等,这些气体的泄漏会造成爆炸、火灾、中毒等事故,从而对人的生命和财产安全造成威胁,因此采用气敏传感器对这些气体进行浓度检测十分必要。

一、常见气敏传感器

气敏传感器是一种能够感知环境中某种气体成分及浓度的传感器件。它将气体种类及与其浓度有关的信息转换成电信号,根据这些电信号的强弱,便可获得与待测气体在环境中存在情况有关的信息,从而进行检测、监控、报警;还可以通过接口电路与计算机或单片机组成自动检测、控制和报警系统。常见的气敏传感器如图 2-1 所示。

气敏传感器种类繁多,特性各异,分类方法也不尽相同。气敏传感器按照工作原理可分为半导体式气敏传感器、接触燃烧式气敏传感器、电化学气敏传感器、固体电解质气敏传感器、光学式气敏传感器、光纤气敏传感器等。气体的检测有多种方法,见表 2-1。

图 2-1 常见气敏传感器外形

表 2-1 气体的检测方法

类型	原理	检测对象	特点
半导体式	若气体接触到加热的金属氧化物（SnO_2、Fe_2O_3、ZnO_2 等），电阻值会增大或减小	还原性气体、城市排放气体、丙烷等	灵敏度高,构造与电路简单,但输出与气体浓度不成比例
接触燃烧式	可燃性气体接触到氧气就会燃烧,使得作为气敏材料的铂丝温度升高,电阻值相应增大	燃烧气体	输出与气体浓度成比例,但灵敏度较低
化学反应式	化学溶剂与气体反应产生的电流、颜色、电导率增加等	CO、H_2、CH_4、C_2H_5OH、SO_2 等	气体选择性好,但不能重复使用
光干涉式	利用与空气的折射率不同而产生的干涉现象进行检测	与空气折射率不同的气体,如 CO_2 等	寿命长,但选择性差
热传导式	通过测量混合气体热导率的变化来实现对被测气体浓度的分析	与空气热传导率不同的气体,如 H_2 等	构造简单,但灵敏度低,选择性差
红外线吸收散射式	由于红外线照射气体分子谐振而产生的吸收量或散射量进行检测	CO、CO_2 等	能定性测量,但体积大,价格高

1. 半导体式气敏传感器

半导体式气敏传感器是目前广泛应用的气敏传感器之一。按照敏感机理,半导体气敏传感器可分为电阻型气敏传感器和非电阻型气敏传感器。

（1）电阻型气敏传感器

电阻型气敏传感器利用吸附作用引起的表面化学反应和体原子价态变化来识别化学物质,也就是说,这类传感器是利用其电阻的改变来反映被测气体含量的。电阻型气敏传感器根据检测原理不同,又可分为表面吸附控制型和体电阻控制型。

表面吸附控制型气敏传感器是利用半导体表面吸附气体引起电导率变化的气敏元件。

这种传感器具有结构简单、造价低、检测灵敏度高、响应速度快等优点。

体电阻控制型气敏传感器是气体反应时半导体组产生变化从而使电导率变化的气敏元件,主要包括复合氧化物系气体传感器、氧化铁系气体传感器和半导体型 O_2 传感器。

(2)非电阻型气敏传感器

非电阻型气敏传感器则是利用半导体敏感元件的电压或电流随气体含量变化的原理工作的,主要包括三类:

①具有二极管整流作用的气敏传感器,包括金属/半导体结型二极管传感器、金属氧化物半导体(MOS)二极管气敏传感器、肖特基二极管传感器等。

②具有场效应晶体管(FET)特性的气敏传感器,其场效应管的电压阈值会随着气体浓度的变化而变化。

③电容型气敏传感器,主要是以金属氧化物混合物作为电容器的介质。

2. 接触燃烧式气敏传感器

接触燃烧式气敏传感器又称为载体催化气体传感器,可分为直接接触燃烧式和催化接触燃烧式。其检测原理是气敏材料在通电状态下,可燃气体在表面或者在催化剂作用下燃烧,燃烧使气敏材料温度升高,从而使电阻发生变化。

接触燃烧式气敏传感器的检测元件一般为铂金属丝(也可表面涂铂、钯等稀有金属催化层),使用时对铂丝通以电流,保持 $300 \sim 400$ ℃的高温,此时若与可燃性气体接触,可燃性气体就会在稀有金属催化层上燃烧,因此铂丝的温度会上升,铂丝的电阻值也上升;通过测量铂丝电阻值变化的大小,就能知道可燃性气体的浓度。空气中可燃性气体浓度越大,氧化反

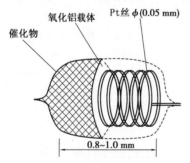

应(燃烧)产生的反应热量越多,铂丝的温度变化越大,其电阻值增加得就越多。但是使用单纯的铂丝线圈作为检测元件,其寿命较短。因此,实际应用的检测元件都是在铂丝圈外面涂覆一层氧化物触媒,这样既可以延长其使用寿命,又可以提高检测元件的响应特性。用高纯的铂丝绕制成的线圈,为了使线圈具有适当的阻值($1 \sim 2$ Ω),一般应绕十圈以上,在线圈外面涂以氧化铝或氧化铝和氧化硅组成的膏状涂覆层,干燥后在一定温度下烧结成球状多孔体,如图 2-2 所示。

图 2-2 接触燃烧式气敏元件内部结构示意图

这种传感器只能测量可燃性气体,普遍用于石油化工厂、造船厂、矿井、隧道和厨房等场景中的可燃性气体泄漏检测和报警。

3. 电化学气敏传感器

电化学气敏传感器一般利用液体(或固体、有机凝胶等)电解质,通过与被测气体发生反应并产生与气体浓度成正比的电信号来进行工作,其输出形式可以是气体直接氧化或还原产生的电流,也可以是离子作用于离子电极产生的电动势。

典型的电化学气敏传感器由传感电极(或工作电极)和反电极组成,并由一个薄电解层隔开。气体首先通过微小的毛管型开孔与传感器发生反应,然后穿过疏水屏蔽层,最终到致电板表面。采用这种方法可以允许适量气体与传感电极发生反应,以形成电信号,同时防止电解质漏出传感器。穿过屏蔽扩散的气体与传感电极发生反应,传感电极可以采用氧化机理或还原机理。这些反应由针对被测气体而设计的电极材料进行催化,通过电极间连接的电阻器,与被测气体浓度成正比的电流会在正极与负极间流动,测量该电流即可确定气体浓度。由于该过程中会产生电流,所以电化学气敏传感器又常被称为电流气体传感器或微型燃料电池。

4. 固体电解质气敏传感器

固体电解质是一类介于普通固体与液体之间的特殊固体材料,由于其粒子在固体中具有类似于液体中离子的快速迁移特性,因此又称为快离子导体或超离子导体。目前,研究发现的固体电解质气敏传感器主要以无机盐类化合物等为固体电解质,其中 ZrO_2 氧敏传感器是最具有代表性的固体电解质气敏传感器。

5. 光学式气敏传感器

光学式气敏传感器主要包括红外吸收型、光谱吸收型、荧光型等,其中常用的是红外吸收型。

红外吸收型光学式气敏传感器主要通过检测气体对光的波长和强度的影响,来确定气体的浓度。不同气体的分子化学结构不同,对于不同波长的红外辐射的吸收程度也不同,因此红外吸收型传感器通过测量和分析红外吸收峰来检测气体。当不同波长的红外辐射依次照射到样品物质时,某些波长的辐射能被样品物质选择性地吸收而变弱,产生红外吸收光谱,若能知道某种物质的红外吸收光谱,便能从中获得该物质在红外区的吸收峰,吸收强度与气体浓度成正比关系。由于不同气体的分子化学结构不同,因此对应于不同的吸收光谱,而每种气体在其光谱中对特定波长的光的吸收较强。

6. 光纤气敏传感器

光纤气敏传感器的检测机理主要有以下三类:

①基于内电解质溶液的酸碱平衡理论;

②基于被测气体与固定化试剂直接发生反应的特性;

③基于膜上离子交换原理。

光纤气敏传感器可用于井下瓦斯气体的遥感分析,以及井下的小型光纤 CO 监测报警,还能用于监测空气中的 H_2S、SO_2 等有毒气体。

二、气敏传感器主要参数及性能要求

1. 气敏传感器的主要参数

气敏传感器的主要参数包括灵敏度、响应时间、选择性、稳定性、抗腐蚀性等。

(1)灵敏度

灵敏度是指传感器输出变化量与被测输入变化量之比,主要依赖于传感器结构所使用的技术。大多数气敏传感器基于生物化学、电化学、物理学和光学进行设计。在实际应用中,传感器选型时首先要考虑的是选择一种敏感技术,保证传感器对目标气体的检测要有足够的灵敏性。

(2)响应时间

响应时间是指气敏传感器接触到目标气体后,其电阻值由初始值变化到某一稳定比例(通常是90%)所需的时间。这个参数对于评估气敏传感器的性能至关重要,特别是在需要快速响应的应用场景中,响应时间越短,表明传感器对气体浓度变化的反应速度越快,性能越好。

(3)选择性

选择性是指在多种气体共存的条件下,气敏传感器区分气体种类的能力。

(4)稳定性

稳定性主要取决于零点漂移和区间漂移。零点漂移是指在没有目标气体时,整个工作时间内传感器输出响应的变化。区间漂移是指传感器连续置于目标气体中的输出响应变化。理想情况下,一个传感器在连续工作条件下,每年漂移量应小于15%。

(5)抗腐蚀性

抗腐蚀性是指传感器暴露于高体积分数的目标气体中而能正常工作的能力。在具体设计时,传感器需要承受期望气体体积分数的 10~20 倍。

2. 气敏传感器的性能要求

对气敏传感器的性能主要有以下几个方面的要求:

①对被测量气体有较高的灵敏度,能够有效地检测允许范围内的气体浓度,并能及时给出报警、显示与控制信号。

②对被测气体以外的共存气体或物质不敏感。

③性能稳定,重复性好。

④动态特性好,信号响应迅速。

⑤使用寿命长,安装、使用、维修方便。

⑥制造成本低。

三、气敏传感器的选用原则

气敏传感器在工业生产与人们的日常生活中获得了较为广泛的应用。针对不同的应用场合,对气敏传感器的选用主要应考虑以下几个方面。

1. 测量对象与测量环境

在选用气敏传感器时,首先要考虑测量对象与测量环境。被测气体的类型不同,传感器所处的测量环境就不同,相应地,所选用的气敏传感器也不同。即使是测量同一物理量,也有多种原理的传感器可供选择,哪一种传感器更为适合,需根据被测量的特点和传感器的使用条件进行综合考虑。具体应考虑量程的大小、体积大小、测量方法、信号引出方法等。

2. 灵敏度

通常情况下,在传感器的线性范围内,总是希望传感器的灵敏度越高越好,因为只有灵敏度高,与被测量变化所对应的输出信号才比较大,才有利于信号处理。但是传感器的灵敏度高时,与被测量无关的外界噪声也容易混入,也会被放大系统放大,影响测量精度。因此,要求传感器本身具有较高的信噪比,尽量减少从外界引入的干扰信号。

3. 响应特性

传感器的频率响应特性决定了被测量的频率范围,传感器的频率响应高,可测信号的频率范围就宽,而由于受到结构特性的影响,机械系统的惯性较大,因而频率低的传感器,可测信号的频率较低。在动态测量中,应根据信号的特点(稳态、瞬态、随机等)选用适合的传感器,以免产生过大的误差。

4. 线性范围

传感器的线性范围是指输出与输入成正比的范围。传感器的线性范围越宽,其量程就越大,并且能够保证一定的测量精度。

四、气敏电阻的工作原理及测量电路

气敏电阻一般是指半导体电阻式气敏传感器,具有灵敏度高、体积小、价格便宜、使用维修方便等特点,因此被广泛应用。

气敏电阻一般由 3 个部分组成:敏感元件、加热器和外壳。气体敏感元件大多以金属氧化物半导体为基础材料,因为许多金属氧化物具有气敏效应,这些金属氧化物都是利用陶瓷工艺制成的具有半导体特性的材料,因此称为半导体陶瓷,简称半导瓷。由于半导瓷与半导

体单晶相比具有工艺简单、价格低廉等优点,因此常被制作成多种具有实用价值的敏感元件。在诸多的半导体气敏元件中,用氧化锡(SnO_2)制成的元件具有结构简单、成本低、可靠性高、稳定性好、信号处理容易等一系列优点,应用最为广泛。

1. 气敏电阻的工作原理

气敏电阻的敏感部分是金属氧化物微结晶粒子烧结体,当它的表面吸附有被测气体时,半导体微结晶粒子接触界面的导电电子比例就会发生变化,从而使气敏元器件的电阻值随被测气体浓度的改变而发生变化。

气敏元器件一般附有加热器,它的作用是将附着在探测部分的油污、尘埃等烧掉,同时加速气体的氧化还原反应,从而提高元器件的灵敏度和响应速度。一般需要加热到 200 ~ 400 ℃。

2. 气敏电阻的结构及测量电路

气敏元件的加热方式一般有直热式和旁热式两种,因而形成了直热式气敏元器件和旁热式气敏元器件。

1)直热式气敏元器件

(1)元器件的结构

直热式气敏元器件如图 2-3 所示。直热式气敏元器件是将加热丝、测量丝直接埋入 SnO_2 或 ZnO 等粉末中烧结而成的。工作时加热丝通电,测量丝用于测量器件阻值。这类元器件的制造工艺简单、成本低、功耗小,可以在高压回路下使用,但其热容量小、易受环境气流影响,且测量回路和加热回路间没有隔离而会相互影响。

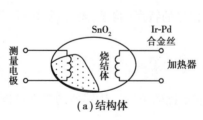 

(a)结构体 (b)实物图

图 2-3 直热式热敏元件

(2)基本测量电路

直热式气敏元件的基本测量电路如图 2-4 所示。直热式气敏电阻在工作时需要提供加热电压 U_h 和回路电压 U_c。只要能够满足传感器的电学特性要求,U_c 和 U_h 就可以共用一个供电电路。传感器在工作时,测量电阻 R_s 会随待测气体浓度变化而变化,从而引起回路输出电压 U_{out} 的变化。

2）旁热式气敏元器件

（1）元器件的结构

常见的旁热式气敏元器件如图2-5所示。旁热式气敏电阻传感器克服了直热式结构的缺点，使测量极和加热极分离，而且加热丝不与气敏材料接触，避免了测量回路和加热回路的相互影响。器件热容量大，降低了环境温度对器件加热温度的影响，因此这类结构器件的稳定性、可靠性都比直热式器件好。

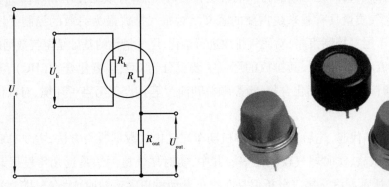

图2-4　直热式气敏元件基本测量电路　　　图2-5　旁热式气敏元件

（2）基本测量电路

旁热式气敏元件的基本测量电路如图2-6所示。元件2脚和5脚为加热电极；1脚和3脚连接在一起，作为回路电极A；4脚和6脚连接在一起，作为回路电极B。同样，旁热式气敏电阻在工作时也需要提供加热电压U_h和回路电压U_c。只要能够满足传感器的电学特性要求，U_c和U_h就可以共用一个供电电路。传感器在工作时，传感器电阻阻值会跟随待测气体浓度变化而变化，从而引起回路输出电压U_{out}的变化。

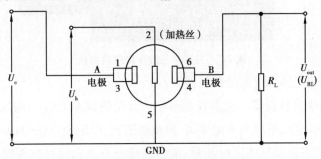

图2-6　旁热式气敏元件基本测量电路

旁热式气敏传感器具有成本低廉、制造简单、灵敏度高、响应速度快、寿命长、对湿度敏感低和电路简单等优点。其缺点是必须工作于高温下，对气体的选择性比较差，元件参数分散，稳定性不够理想，功率要求高等。

五、气敏传感器的应用

在现实生活中，气敏传感器得到了广泛的应用，例如，可制成液化石油气、天然气、城市煤气、煤矿瓦斯,以及有毒气体等的防泄漏检测器与报警器;也可用于对大气污染进行监测;用于医疗上对 O_2、CO_2 等气体的测量;用于室内空气质量检测、烹调过程中自动除油烟检测、酒精浓度探测等。

1. 汽车尾气检测仪

随着世界经济持续的高速发展和城市机动车数量快速的增加,交通与环境污染问题日益突出,汽车尾气的污染问题已经成为人们普遍关注的焦点,有效地控制和降低机动车尾气排放,提高城市空气质量具有越来越重要的意义。对尾气排放最为有效的控制手段就是制定出有效的机动车尾气控制策略,对尾气排放进行量化,尾气量化的基础是尾气数据的获得。

汽车是一种流动的污染源,其排放的尾气主要成分为 CO、碳氢化合物(HC)、氮氧化物(NO_x)、SO_2 和颗粒物(包括铅化合物、炭黑颗粒和油污等),严重污染了环境,对人体健康造成了损害。

从 20 世纪 70 年代起,先后出现了多种机动车尾气排放数据收集方法,主要有底盘测功机法、红外遥感测试法、实时尾气检测法等。其中,实时尾气检测法是近几年发展起来的最新技术,如图 2-7 所示。汽车尾气分析仪是在汽车发动机正常运转时,对汽车排放的尾气进行检测、分析,从而判断汽车发动机是否工作正常、排出有害气体是否超出标准的一种仪器,是控制汽车尾气排放污染的有效工具。

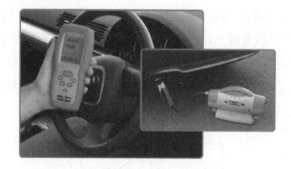

图 2-7　几种常见汽车尾气检测仪

测定尾气各成分气体浓度的分析仪器有:

①不分光红外线分析仪器。此类仪器可用于分析测试 CO、CO_2、碳氢化合物、NO_x 等气体的浓度,具有结构简单、精度和灵敏度高、测量范围宽、响应速度快、良好的选择性、稳定性和可靠性好、可实现多组分气体同时测量、能够连续分析和自动控制等特点。因此,目前国内汽车/摩托车生产下线检测、在用汽车污染检测、汽车污染检测与治理等领域使用的仪器,主要应用不分光原理和电化学原理的小型仪器。

②电化学法气体分析仪器。此类仪器可用于测量 O_2、NO_x、SO_2 等气体的浓度,气体传感器采用电化学式,属消耗性的。此类检测仪器结构小巧简单、价格低廉、易于更换,但美中不足的是寿命短。

③氢火焰离子化检测器。此类仪器主要测量碳氢化合物,具有准确度高、输出与碳原子

数呈良好线性关系的优点,多用于高精度测量试验。此类仪器可以连续长时间测试,反应快、测试精度高、结构简单、易维护,但配套价格昂贵。

④化学发光法分析仪器。此类仪器主要分析测试 NO/NO$_x$ 等成分,具有灵敏度高反应速度快、线性好等特点。

2. 智能气敏传感器系统——电子鼻

利用指纹破案已有悠久历史,但有经验的罪犯会千方百计地不在现场留下指纹,然而任何狡猾的罪犯都不可能不在现场留下气味。气味和指纹一样具有个人固有的特性,警犬靠它追踪罪犯。警犬的鼻子是识别气味能力很强的智能气敏传感器系统,研究动物和人的鼻子,是为了开发人工鼻子——电子鼻。

动物和人的嗅觉系统的结构有 3 个层次:

①初级嗅觉神经元,它由感觉器和嗅觉神经组成,对气味有很高的灵敏度,但交叉灵敏度也高,类似半导体气敏传感器和石英振子型气敏传感器;

②二级嗅觉神经元,具有对初级神经元传递过来的信息进行调节、抑制功能;

③大脑,经调制、抑制后的嗅觉信号传到大脑,进行处理,作出判断。

模拟动物和人的嗅觉系统,电子鼻的构造也有 3 个层次:

①气敏传感器阵列,相当于初级嗅觉神经元,是由具有广谱响应特性、交叉灵敏度较大、对不同气体灵敏度不同的气敏元件组成;

②运算放大器等电子线路,相当于二级嗅觉神经元;

③电子计算机,相当于动物和人的大脑。

除了这些硬件外,对嗅觉信号进行处理判断的分析软件也同样重要。它的主要内容是模式识别技术,在多种气体共存的复杂混合气体中,能定量地对气体进行识别和组分分析。

目前,国外研究电子鼻在食品工业的香料检测、啤酒鉴别、食品包装纸质量检验、罪犯现场气味识别等方面的应用已取得了一定的成果。

3. 简易酒精测试仪

随着我国经济的高速发展,人们的生活水平迅速提升,越来越多的人有了私家车,而酒后驾驶造成的交通事故也频频发生。人饮酒后,酒精通过消化系统被人体吸收,再随着血液的循环,一部分会通过肺部气体被排出,因此利用酒精测试仪测量人呼出气体中的酒精含量,就可以判断其醉酒程度。

简易酒精测试仪电路如图 2-8 所示,传感器选用 TCS812 型气敏元件,该元件对乙醇气体特别敏感,是食用酒精测试的理想气体传感器件。测试仪的工作和加热电压都是 5 V,加热电流都是 125 mA。传感器的负载电阻为 R_1 和 R_p,其输出连接 10 位发光二极管显示驱动器 LM3914。

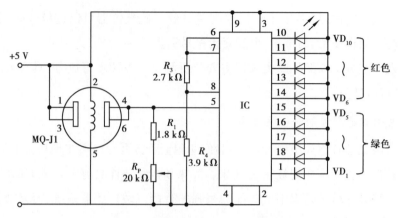

图 2-8　简易酒精测试仪电路原理图

当气体传感器未检测到酒精时,加在 IC5 脚的电平为低,当气体传感器探测到酒精时其内阻变低,从而使 IC5 脚电平变高。显示驱动器 IC 根据 5 脚的电位高低来确定依次点亮发光二极管的级数,酒精含量越高点亮二极管的级数就越大。上 4 个为红色发光二极管,表示醉酒水平;下 4 个为绿色发光二极管,代表安全水平。

简易酒精测试器标定时,用酒精液体对酒精测试器进行校准。首先,取用 50 mL 50% 乙醇液体作为酒精气体的散发源,将其置于密闭的空间中恒温加热到 36 ℃,使密闭空间充满酒精气体;同时,用酒精测试器监测密闭空间中的酒精气体浓度,使其达到 200 mg/m³ 的酒精调试浓度要求。其次,将已通电预热的传感器模块放入密闭空间静置 30 s,调节电位器 R_p,使 10 个发光二极管一起点亮并稳定发光。由于 TGS812 型气敏元件的线性度较好,使用简易酒精测试器通过吹气方式就可以定性地测定人体血液中所含酒精浓度等级。

根据《呼出气体酒精含量检测仪》(GB/T 21254—2017),可将测量范围分为 10 个等级,测定浓度等级对应血液中酒精浓度值见表 2-2。

$$BAC = BrAC \times 2\ 200\ (mg/100\ mL)$$

其中,BAC 为血液中酒精浓度含量,BrAC 为呼气中酒精浓度含量。当血液中酒精含量达到 20 mg/100 mL 时,即为酒驾;大于 80 mg/100 mL 时,即为醉驾。

任务实施

厨房可燃气体检测实验

一、实验原理

MQ-2 气体传感器探头所使用的气敏材料是在清洁空气中电导率较低的二氧化锡 (SnO_2)。当传感器所处环境中存在可燃气体时,传感器的电导率随空气中可燃气体浓度的增加而增大,使用简单的电路即可将电导率的变化转换为与该气体浓度相对应的输出信号。MQ-2 气体传感器对丙烷、烟雾的灵敏度高,对天然气和其他可燃蒸气的检测也很理想。这种传感器可检测多种可燃性气体,是一款适合多种应用的低成本传感器,可用于家庭和工厂的气体泄漏监测,适用于液化气、苯、烷、酒精、氢气、烟雾等的探测。如图 2-9 所示为 MQ-2 模块实物图。

MQ-2 模块原理图如图 2-10 所示。由图可知,MQ-2 的 4 脚输出随烟雾浓度变化的直流信号,被加到比较器 U1A 的 2 脚,R_p 构成比较器的门槛电压。当烟雾浓度较高,输出电压高于门槛电压时,比较器输出低电平(0 V),此时 LED 亮,报警;当浓度降低,传感器的输

图 2-9　MQ-2 模块实物图

出电压低于门槛电压时,比较器翻转输出高电平(V_{CC}),LED 熄灭。调节 R_p,可以调节比较器的门槛电压,从而调节报警输出的灵敏度。R_1 串入传感器的加热回路,可以保护加热丝免受冷上电时的冲击。

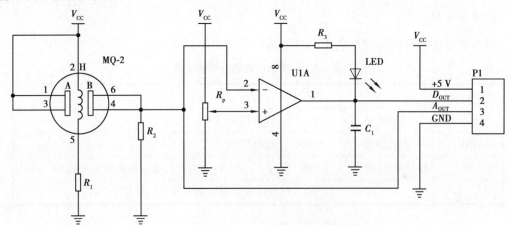

图 2-10　MQ-2 模块原理图

MQ-2 烟雾传感器输出 0 ~ 5 V 的测量信号电压,浓度越高电压越高。将 MQ-2 烟雾传感器的模拟输出信号管脚接到处理器的一个 ADC(模数转换)管脚进行模数转换,得出 MQ-2 烟雾传感器信号管脚上输出的电压值。由于知道 MQ-2 烟雾传感器信号管脚上输出的电压值与电阻成反比关系,而电阻值的大小与气体浓度呈一定的线性关系,因此,就能通过测量 MQ-2 烟雾传感器的输出电压值推导得到气体的浓度。

阻值 R 与空气中被测气体的浓度 c 的关系式为:

$$\lg R = m \lg c + n$$

其中,m,n 均为常数。常数 n 与气体检测灵敏度有关,除了随传感器材料和气体种类不同而变化,还会由于测量温度和激活剂的不同而发生大幅度的变化。常数 m 随气体浓度而变化的传感器的灵敏度(也称作为气体分离率)。对于可燃性气体来说,m 的值多数介于 1/2 和 1/3 之间。

二、硬件设计

1. 实验材料

实验材料清单见表 2-2。

表 2-2　实验材料清单

元器件及材料	说　明	数　量
Arduino UNO	或兼容板	1
气敏电阻	MQ-2	1
蜂鸣器	有源	1
面包板		1
跳线		1 扎

2. 硬件连接

引脚功能连接分配情况见表 2-3,其电路布局如图 2-11 所示。

表 2-3　引脚功能连接分配情况表

Arduino	功　能	MQ-2	功　能
5 V	电源正极	V_{CC}	模块供电(5 V)
GND	电源负极	GND	接地引脚
A0	模拟接口(输入)	A0	0.1~0.3 V(相对无污染),最高浓度电压 4 V 左右
		D0	TTL 数字量 0 和 1(0.1 V 和 5 V)

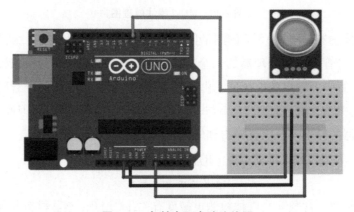

图 2-11　气敏电阻电路连线图

三、软件设计

1. 软件参考程序

```
int MQ2 = A0;                          //指定模拟端口 A0
int val = 0;                           //声明临时变量
int buzzer = 4;
void setup()
{
  pinMode(MQ2,INPUT);
  Serial.begin(9600);                  //设置串口波特率为 9 600 b/s
  pinMode(buzzer,OUTPUT);              //设置 I/O 脚模式,OUTPUT 为输出
  Serial.println("Gas sensor warming up!");
  delay(20000);                        //允许 MQ-2 预热
}
void loop()
{
  val = analogRead(MQ2);              //读取 A0 口的电压值并赋值到 val
  Serial.println(val);                //串口发送 val 值
  delay(500);                         //延时 500 ms
  if(val>70)
{
  Serial.print(" |Smoke detected!");
  digitalWrite(buzzer,HIGH);          //发声音
}
  else
{
  digitalWrite(buzzer,LOW);           //关闭声音
  Serial.println("");
}
delay(2000);
}
```

2. 程序分析

传感器通电后,需预热 20 s 左右,测得的数据才稳定(传感器发热属正常现象,因内部有电热丝,如果很烫手就不正常了)。程序在初始化中设置成与 PC 的串行通信,并等待 20 s 以允许传感器预热。

传感器值由 analogRead( )函数读取并显示在串行监视器上。

当气体浓度足够高时,AO 引脚输出的电压值越高,通过 ADC 采集的模拟值越高。我们可以使用 if 语句监控此值,当传感器值超过 300 时,我们将显示"Smoke detected!"(检测到烟雾!)信息。

任务评价

表1　学生工作页

项目名称：		专业班级：	
组别：	姓名：	学号：	
计划学时		实际学时	
项目描述			
工作内容			
项目实施	1.获取理论知识		
	2.系统设计及电路图绘制		
	3.系统制作及调试		
	4.教师指导要点记录		
学习心得			
评价	考评成绩		
	教师签字	年　月　日	

表 2 项目考核表

项目名称：			专业及班级		
组别：		姓名：		学号：	
考核内容	考核标准		标准分值/分	得分/分	
学生自评	根据自己在项目实施过程中工作任务的轻重和多少、角色的重要性以及学习态度、工作态度、团队协作能力等表现,给出自评成绩		10		
学生互评	根据同学在项目实施中工作任务的轻重和多少、角色的重要性以及学习态度、工作态度、团队协作能力等表现,给出互评成绩		10		评价人
项目成果评价	总体设计	任务是否明确; 方案设计是否合理,是否有新意; 软件和硬件功能划分是否合理	20		
	硬件设计	传感器选型是否合理; 电路搭建是否正确合理	20		
	程序设计	程序流程图是否满足任务需求; 程序设计是否符合程序流程图设计	20		
	系统调试	各部件之间的连接是否正确; 程序能否控制硬件正常工作	10		
	学生工作页	是否认真填写	5		
	答辩情况	任务表述是否清晰	5		
教师评价					
项目成绩					
考评教师			考评日期		

任务二 室内湿度的检测

微课视频

随着社会的发展和人们生活水平的提高,湿度监测在日常生活中应用得越来越广泛,如在加湿、除湿、美容、自动控制、生物培养、室内检测等许多设备中起着非常重要的作用。实验表明,当空气的相对湿度(RH)为50%~60%时,人体感觉最为舒适,也不容易引起疾病;当空气相对湿度高于65%或低于35%时,细菌繁殖滋生最快;当相对湿度在45%~55%时,细菌的死亡率较高。因此,湿度的检测和控制是十分必要的。

本任务通过设计一款室内湿度检测装置,介绍常见湿敏传感器的分类、工作原理、选用原则等,使读者初步具备传感器选型、测量电路设计、测试与维护的能力。

知识准备

在工农业生产、气象、环保、国防、科研、航天等领域,经常要对环境湿度进行测量及控制。但在常规的环境测量参数中,湿度是最难准确测量的一个,因为测量湿度要比测量温度复杂得多。温度是一个独立的被测量,而湿度却受其他因素(大气压强、温度等)的影响。

一、湿度的定义

在我国江淮地区的黄梅天,地面返潮,人们经常会感到闷热不适,这种现象的本质是空气的相对湿度太大。湿度的测量与控制在现代科研、生产、生活中越来越重要。例如,许多储物仓库在湿度超过某一限度时,物品易发生变质或霉变;纺织厂要求车间的湿度保持在60%~70%;在农业生产中,温室育苗、食用菌培养、水果保鲜等都需要对湿度进行监测和控制。

所谓湿度,是指大气中水蒸气的含量,表征大气的干湿程度,通常用绝对湿度、相对湿度和露点来表示。目前的湿度传感器多用于测量空气中的水蒸气含量。

1. 绝对湿度

地球表面的大气层是由78%的氮气,21%的氧气,一小部分二氧化碳、水汽及其他一些惰性气体混合而成的。由于地面上的水和植物会发生水分蒸发现象,因此大气中水汽的含量也会发生波动,从而出现潮湿或干燥现象。大气中水汽的含量通常用大气中水汽的密度来表示,即用以 1 m^3 大气所含水汽的克数来表示,称为大气的绝对湿度。

直接测量大气中水汽的含量是十分困难的,由于水汽密度与大气中的水汽分压强成正比,所以大气的绝对湿度又可以用大气中所含水汽的分压强来表示,常用单位是 mmHg 或 Pa。

2. 相对湿度

生活中的许多现象,如农作物的生长、有机物的挥发、人的干湿感觉等与大气的绝对湿度没有太大的关系,而主要与大气中水汽离饱和状态的远近程度,即相对湿度有关。

所谓水汽的饱和状态,是指在一定的温度和压强下,大气中所能容纳的水汽量的最大限度。相对湿度是空气的绝对湿度与同温度下的饱和状态空气绝对湿度的比值,它能准确说明空气的干湿程度。在一定的大气压强下,相对湿度和绝对湿度之间的数量关系是确定的,可以通过查表得到有关数据。例如,在 20 ℃、一个大气压下,1 m^3 的大气中只能存在 17 g 水蒸气,此时的相对湿度为 100%;在同样条件下,当绝对湿度只有 8.5 g/m^3 时,相对湿度就只有 50%。然而,保持上述 8.5 g/m^3 的绝对湿度,将气温降至 10 ℃ 以下时,相对湿度又可能接近 100%。这也是在阴冷的地下室中,人们会感到十分潮湿的原因。相对湿度给出了大气的潮湿程度,实际生产生活中常使用相对湿度这一参数。

3. 露点

在一定大气压下,将含有水蒸气的空气冷却,当温度下降到某一特定值时,空气中的水蒸气达到饱和状态,开始从气态变成液态而凝结成露珠,这种现象称为结露。对于含有一定量水汽的空气,在气压不变的情况下降温,使饱和水汽压降至与当时实际的水汽压相等时的温度,称为露点。因此,只要测出露点就可以通过查表得到当时大气的实际湿度。

露点与农作物的生长有很大关系,结露也严重影响了电子仪器的正常工作,因此必须加以注意。

二、湿度传感器

湿度传感器又称湿敏传感器,是一种能将被测环境湿度转换成电信号的装置,主要由两个部分组成,即湿敏元件和转换电路;除此之外,还包括一些辅助元件,如辅助电源、温度补偿输出、显示设备等。湿敏传感器广泛应用于钢铁、化学、食品及很多其他工业品的生产制造过程中以及人们的日常生活中。

湿度测量早在 16 世纪就有记载,有许多古老的测量仪器,如干湿球湿度计、毛发湿度计和露点计等至今仍被广泛使用。现代工业技术要求高精度、高可靠性和连续地测量湿度,因此陆续出现了种类繁多的湿敏传感器,如图 2-12 所示。

图 2-12　常见湿度传感器外形

水是一种强极性的电解质,水分子极易吸附于固体表面并渗透到固体内部,从而引起固体的各种物理变化。湿敏传感器按其探测功能可分为相对湿度式、绝对湿度式、结露式等;按其使用材料可分为陶瓷式、有机高分子式、半导体式、电解质式等多种类型;按照工作原理可分为电阻式、电容式和集成湿度传感器。下面着重介绍电阻式、电容式和集成湿度传感器。

1. 电阻式湿度传感器

电阻式湿度传感器是利用器件的电阻值随湿度变化而变化的基本原理进行工作的,其感湿特征量为电阻值,故又称为湿敏电阻。湿敏电阻具有灵敏度高、体积小、寿命长、不需维护、可以进行遥测和集中控制等优点。

湿敏电阻按照材料,主要分为氯化锂湿敏电阻、半导体陶瓷湿敏电阻和有机高分子膜湿敏电阻。

1) 氯化锂湿敏电阻

氯化锂湿敏电阻是典型的电解质湿敏元件,是利用吸湿性盐类潮解,离子电导率会发生变化的原理制成的测湿元件。典型的氯化锂湿敏传感器是浸渍式传感器,如图 2-13 所示,它是在无碱玻璃带上浸渍氯化锂溶液构成的湿敏元件。铂电极采用压制方法与无碱玻璃带密切结合成一体,然后由焊接的电极引线引出。氯化锂是一种潮解性盐,这种电解质

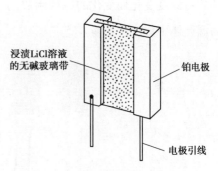

图 2-13　氯化锂湿敏电阻结构示意图

溶液形成的薄膜能随着空气中水蒸气的变化而吸湿或脱湿。感湿膜的电阻值随着空气相对湿度的变化而变化,当空气湿度增加时,感湿质中盐的浓度降低,电阻值减小。这类传感器的浸渍基片材料为天然树皮,由于它采用了面积较大的基片材料,并直接在基片材料上浸渍氯化锂溶液,因此具有小型化的特点,适用于微小空间的湿度检测。

氯化锂浓度不同的湿敏电阻适用于不同相对湿度范围的检测。浓度低的氯化锂湿敏传感器对高湿度敏感;浓度高的氯化锂湿敏传感器对低湿度敏感。一般单片湿敏传感器的敏感范围仅在30% RH 左右:为了扩大湿度测量的线性范围,可以将多个氯化锂含量不同的湿敏传感器组合使用。

2）半导体陶瓷湿敏电阻

半导体陶瓷湿敏电阻是一种电阻型的传感器，是利用微粒堆积体或多孔状陶瓷体的感湿材料吸附水分，从而改变其电导率这一原理检测湿度的。

制造半导体陶瓷湿敏电阻的材料主要是不同类型的金属氧化物。例如，$MgCr_2O\text{-}TiO_3$、$ZnO\text{-}Li_2O\text{-}V_2O_5$、$Si\text{-}Na_2O\text{-}V_2O_5$、$Fe_3O_4$ 等。有一类半导体陶瓷材料的电阻率随湿度的增加而下降，称为负特性湿敏半导体陶瓷；还有一类半导体陶瓷材料的电阻率随湿度的增大而增大，称为正特性湿敏半导体陶瓷。

多孔陶瓷置于空气中易被灰尘、油烟污染，从而堵塞气孔，导致感湿面积下降。如果将湿敏陶瓷加热到 300 ℃以上，就可以使污物挥发或被烧掉，使陶瓷恢复到初始状态，因此必须定期给加热丝通电。陶瓷湿敏电阻一般采用交流供电，若长期采用直流供电，则会使湿敏材料极化，吸附的水分子电离，导致灵敏度下降，性能变差。

3）有机高分子膜湿敏电阻

先在氧化铝等陶瓷基板上设置梳状电极，然后在其表面涂以既有感湿性能又有导电性能的高分子材料薄膜，再敷涂一层多孔质的高分子膜保护层形成的湿敏元件称为有机高分子膜湿敏电阻，如图 2-14 所示。这种湿敏元件是利用水蒸气附着于感湿薄膜上，其电阻值随相对湿度变化而变化的原理制成的。由于使用了高分子材料，所以这类湿敏电阻适用于高温气体中湿度的测量。

图 2-14　有机高分子膜湿敏电阻图　　图 2-15　电容式湿度传感器

2. 电容式湿度传感器

电容式湿度传感器又称湿敏电容，它有效利用湿敏元件电容量随湿度变化而变化的特性进行测量，然后通过检测其电容量的变化，从而间接获得被测湿度的大小。

电容式湿度传感器一般是用高分子薄膜电容制成的，如图 2-15 所示。常用的高分子材料有聚苯乙烯、聚酰亚胺等。当环境湿度发生变化时，湿敏电容的介电常数发生变化，使其电容量也发生变化，其电容变化量与相对湿度成正比。

湿敏电容的主要优点是灵敏度高,产品互换性好,响应速度快,滞后量小,便于制造,容易实现小型化和集成化,因此在实际中得到了广泛的应用。它的精度比一般湿敏电阻要低一些。湿敏电容广泛应用于洗衣机、空调、微波炉等家用电器及工农业等方面。电容式湿敏传感器的湿敏元件线性度及抗污染性差。在检测环境湿度时,湿敏元件长期暴露在待测环境中,很容易受污染而影响其测量精度及长期稳定性。

3. 集成湿度传感器

将湿敏电阻或湿敏电容、信号放大与处理电路等利用集成电路工艺技术制作在同一芯片上即可制成集成湿度传感器。集成湿度传感器模块如图 2-16 所示。

集成湿度传感器按其输出信号不同,可分为线性电压输出型、线性频率输出型等多种类型。集成湿度传感器具有产品互换性好、响应速度快、抗干扰能力强、不需要外部元件、易于连接单片机控制系统等一系列优点,在实际湿度测量场合得到了广泛的应用。

图 2-16 集成湿度
传感器模块

三、湿度传感器的选用原则

1. 电源选择

湿敏电阻必须工作在交流回路中。若用直流供电,则会引起多孔陶瓷表面结构改变,湿敏特性变差;若交流电源频率过高,则元件的附加容抗会影响测湿灵敏度和准确性。因此,应以不产生正、负离子积聚为原则,使电源频率尽可能低。对于离子导电型湿敏元件,电源频率一般以 1 kHz 为宜。对于电子导电型湿敏元件,电源频率应低于 50 Hz。

2. 线性化处理

一般湿敏元件的特性均为非线性,为准确地获得湿度值,要加入线性化电路,使输出信号正比于湿度的变化。

3. 测量湿度范围

电阻湿敏元件在湿度超过 95% RH 时,湿敏膜因湿润而被溶解,厚度会发生变化;若反复结露与潮解,湿敏特性将变差而不能复原。湿敏电容在 80% RH 以上高湿及 100% RH 结露或潮解状态下,也难以进行正常检测。另外,不能将湿敏电容直接浸入水中或长期用于结露状态,也不能用手摸或用嘴吹其表面。

4. 安装要求

湿敏传感器应安装在空气流动的环境中。传感器的延长线应使用屏蔽线,最长不超过 1 m。

5. 加热去污

陶瓷元件的加热去污应控制在 450 ℃,利用元件的温度特性进行温度检测和控制,当温度达到 450 ℃时即中断加热。由于未加热前元件吸附有水分,突然加热会出现相当于 450 ℃时的阻值,而实际温度并未达到 450 ℃,因此应在通电后延迟 2～35 s 再检测电阻值。当加热结束后,应冷却至常温再开始检测湿度。

四、湿度传感器检测应用

1. 食用油水分检测仪

食用油在生产、仓储和销售过程中,都需要进行油品安全检查,以防油品变质,特别是要防止劣质食用油(如过期霉变食用油、地沟油等)进入销售环节,引发群体食物中毒事故。其中一个重要的项目就是食用油水分检查,利用水分检测仪能定性地检查出粮油中水分的相对含量是否符合标准。

纯净的食用油不含水分,利用湿敏电阻作传感器可制成水分检测仪(图 2-17),用不同的音频来定性判断水分含量的多少。水分检测仪电路由 555 时基电路及 R_x、R_3 和 C 构成振荡器,振荡频率为

$$f = \frac{1.43}{(R_5 + 2R_x) \times C}$$

其中,R_x 为湿敏电阻。当水分含量很低时,R_x 阻值高,振荡频率很低($f<10$ Hz);当水分含量高时,R_x 阻值变小,振荡频率升高。当 R_x 在 2 MΩ 左右时,振荡频率在几十赫兹,接通电源后喇叭里发出"嗒嗒"声,指示灯 LED 发出闪烁的红光,表示食用油含有水分;利用标准电阻 R_2、R_3、R_4 组成测试电路的标定电阻,参与电路振荡,可分别获得 3 个不同频率的音频输出,分别对应 3 个等级的定性水分含量。断开标定电阻,比较 R_x 的振荡输出音频,从而判别食用油中水分的含量等级。

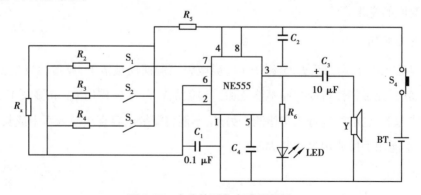

图 2-17　水分检测仪电路原理图

2. 结露传感器的应用

浴室中湿度一般较大,当湿度达到一定程度时,浴室镜面会结露,镜子表面会产生一层雾气,影响使用效果。市场中不结露的镜面一般安装有镜面水汽清除器,该装置可以采用结露型湿度传感器监测镜面的湿度情况,高湿状态下,利用电热丝加热,以消除水汽,其结构示意图如图2-18所示。

浴室镜面水汽清除器电路主要由电热丝 R_1、结露控制器、控制电路等组成,其中电热丝和结露控制器安装在玻璃镜子的背面,用导线将它们和控制电路连接在一起。其电路原理图如图2-19所示。

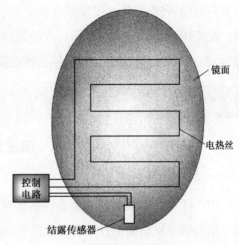

图 2-18 镜面水汽清除器结构示意图

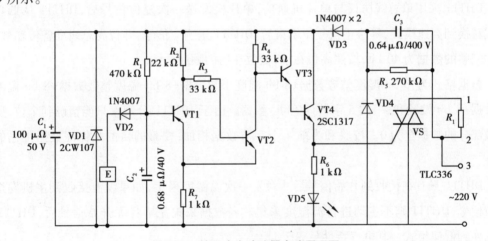

图 2-19 镜面水汽清除器电路原理图

镜面水汽清除器的传感器采用的是 CJ-10 型结露传感器,用来检测浴室内空气中的水汽。VT1 和 VT2 组成施密特电路,根据结露传感器感知水汽后的电阻值变化,实现两种稳定的输出状态。当玻璃镜面周围的空气湿度变低时,结露传感器阻值很小,此时 VT1 截止,VT2 集电极处为低电位,VT3 和 VT4 截止,用于报警的 LED 不亮,双向晶闸管不被触发;当玻璃镜面周围的湿度增加时,结露传感器电阻值随之增大,该传感器在相对湿度达到 93%RH 以上时,电阻值明显增大,使得 VT1 导通、VT2 截止,VT2 集电极处电压转变为高电位,VT3 和 VT4 导通,LED 点亮报警,并触发双向晶闸管导通,加热丝 R1 通电加热,蒸发水汽使镜面恢复清晰。

控制电路的电源由 C_3 降压,经整流、滤波、稳压后供给电路。控制电路可以安装在自选的塑料盒内,将电路板水平安装并固定好。电热丝可以缝制在一块普通的布上粘于镜子背面。在使用、安装结露传感器时,应避免硬物或手指直接接触元件表面,以免划伤或污染传感器表面。另外,汗液会污染传感器感湿膜致其性能漂移,因此接触传感器时应戴手指套。

任务实施

温湿度检测实验

一、实验原理

DHT11 数字温湿度传感器是一款含有已校准数字信号输出的温湿度复合传感器。它应用专用的数字模块采集技术和温湿度传感技术,确保产品具有极高的可靠性与卓越的长期稳定性。传感器包括一个电阻式感湿元件和一个 NTC 测温元件,并与一个高性能 8 位单片机相连接。因此,该产品具有品质卓越、超快响应、抗干扰能力强、性价比极高等优点。

DHT11 采用单总线协议与单片机通信,单片机发送一次复位信号后,DHT11 从低功耗模式转换到高速模式,等待主机复位结束后,DHT11 送响应信号,并拉高总线准备传输数据。一次完整的数据为 40 bit,按照高位在前,低位在后的顺序传输。

数据格式为:8 bit 湿度整数数据+8 bit 湿度小数数据+8 bit 温度整数数据+8 bit 温度小数数据+8 bit 校验和,一共 5 字节(40 bit)数据。由于 DHT11 分辨率只能精确到个位,所以小数部分的数据全为 0。校验和为前 4 个字节数据相加,校验的目的是保证数据传输的准确性。

DHT11 只有在接收到开始信号后才触发一次温湿度采集,如果没有接收到主机发送的复位信号,DHT11 则不主动进行温湿度采集。当数据采集完毕且无开始信号后,DHT11 自动切换到低速模式。其电气特性见表 2-4。

表 2-4 DHT11 电气特性

参数	条件	min	type	max	单位
供电电压		3.3	5.0	5.5	V
供电电流		0.06(待机)	—	1.0(测量)	mA
采样周期	测量		>2		S/次

注:每次读出的温湿度数值是上一次测量的结果,每次读取传感器间隔大于 2 s 即可获得准确的数据。

注意:由于 DHT11 时序要求非常严格,所以在操作时序的时候,为了防止中断干扰总线时序,先关闭总中断,操作完毕后再打开总中断。气体的相对湿度,在很大程度上依赖于温度。因此在测量湿度时,应尽可能保证湿度传感器在同一温度下工作。

二、硬件设计

1. 实验材料

实验材料清单见表 2-5。

表 2-5 实验材料清单

元器件及材料	说 明	数 量
Arduino UNO	或兼容板	1
DHT11		1
面包板		1
跳线		1 扎

2. 硬件连接

引脚功能连接分配情况见表 2-6,其电路连线如图 2-20 所示。

表 2-6 引脚功能连接分配情况表

Arduino	功 能	DHT11	功 能
5 V	电源正极	VCC	正极供电(3 ~ 5.5 V)
GND	电源负极	DATA	串行数据(单总线)
D11	模拟接口(输入)	NC	空脚(悬空)
		GND	接地,电源负极

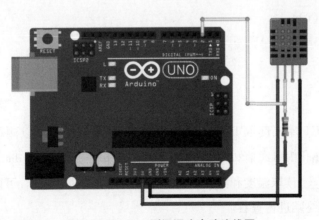

图 2-20 DHT11 测温湿度电路连线图

三、软件设计

1. 软件参考程序

```
#include <DHT.h>                    //加载 DHT11 的库
#define DHTTYPE DHT11               //定义传感器类型 DHT11
#define DHTPIN 2                    //宏定义 DHT 数据接口,编译时 DHTPIN 会替换成 2
DHT dht(DHTPIN, DHTTYPE);           //声明 dht 函数
void setup()
{
  Serial.begin(9600);
  dht.begin();                      //启动传感器
}
void loop()
{
  delay(2000);                      //采样延时,每次抓取数据的时间间隔 1~2 s
  float h = dht.readHumidity();     //读取湿度
  float t = dht.readTemperature();  //读取温度
  Serial.print("Humidity: ");
  Serial.print(h);
  Serial.println(" % ");
  Serial.print("Temperature: ");
  Serial.print(t);
  Serial.println(" ℃ ");
}
```

2. 程序分析

该代码使用 DHT 库来读取 DHT11 传感器的数据,该传感器可以测量温度和湿度。在 setup()函数中,初始化串口通信和 DHT 传感器。在 loop()函数中,通 dht. readTemperature() 和 dht. readHumidity()读取温度和湿度数据。数据通过串口进行输出,可以通过串口监视器 或与计算机连接的终端进行查看。

①代码中引用了#include <DHT. h>,这是操作 DHT11 的库文件,有了它,就可以轻松操 作这个温湿度传感器了。加载库文件可以用下面几种方法:

a. 打开 Arduino IDE 界面,在顶部菜单选择"工具"→"管理库",在"管理库"等待索引加载完成后搜索 DHT,找到 DHT sensor library,选择 1.2. x 版(1.3.0 以上版本会导致编译出错),安装即可。

b. 从网上将. zip 格式的库文件压缩包下载到计算机上。在 Arduino IDE 中单击菜单:"项目"→"加载库"→"增加一个. zip 库",然后选择你下载的库文件压缩包。

c. 在网上找到并下载该库文件,包括一个头文件和一个. cpp 文件。把该文件夹放在 Arduino 安装目录中的 Libraries 文件夹中。

加载完成后,在代码中引用#include <DHT. h>,这样就可以使用了。

②#define DHTPIN 2,表示定义引脚 2 的名字为 DHTPIN,注意这个定义语句后面没有分号。

串口接收的温湿度数据情况如图 2-21 所示。

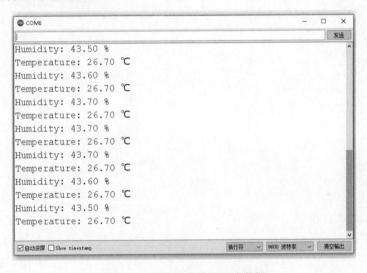

图 2-21 串口接收的温湿度数据

任务评价

表 1 学生工作页

项目名称：			专业班级：	
组别：		姓名：	学号：	
计划学时			实际学时	
项目描述				
工作内容				
项目实施		1.获取理论知识		
		2.系统设计及电路图绘制		
		3.系统制作及调试		
		4.教师指导要点记录		
学习心得				
评价		考评成绩		
		教师签字	年 月 日	

表2 项目考核表

项目名称：			专业班级：		
组别：		姓名：		学号：	
考核内容	考核标准			标准分值/分	得分/分
学生自评	根据自己在项目实施过程中工作任务的轻重和多少、角色的重要性以及学习态度、工作态度、团队协作能力等表现,给出自评成绩			10	
学生互评	根据同学在项目实施中工作任务的轻重和多少、角色的重要性以及学习态度、工作态度、团队协作能力等表现,给出互评成绩			10	评价人
项目成果评价	总体设计	任务是否明确; 方案设计是否合理,是否有新意; 软件和硬件功能划分是否合理		20	
	硬件设计	传感器选型是否合理; 电路搭建是否正确合理		20	
	程序设计	程序流程图是否满足任务需求; 程序设计是否符合程序流程图设计		20	
	系统调试	各部件之间的连接是否正确; 程序能否控制硬件正常工作		10	
	学生工作页	是否认真填写		5	
	答辩情况	任务表述是否清晰		5	
教师评价					
项目成绩					
考评教师				考评日期	

📖 项目总结

　　本项目选取环境监测中最为常见的气体浓度和湿度两大因素,以"厨房可燃性气体的检测""室内湿度的检测"为载体,对气敏传感器和湿度传感器的结构、分类、工作原理、测量电路、选型要求及应用领域等进行了较为详细的介绍。

　　气敏电阻元件一般附有加热器,它的作用是将附着在探测部分的油污、尘埃等烧掉,同时加速气体的氧化还原反应,从而提高元件的灵敏度和响应速度。气敏电阻元件的加热方式一般分为直热式和旁热式两种。直热式元件制造工艺简单、成本低、功耗小,可以在高压回路下使用,但其热容量小、易受环境气流的影响,且测量回路和加热回路间没有隔离而相互影响。旁热式元件测量极和加热极分离,而且加热丝不与气敏材料接触,从而避免了测量回路和加热回路的相互影响。

　　湿度传感器是一种能够将环境湿度转换成电信号的装置,按照探测功能,可以分为绝对湿度式、相对湿度式和结露式3种。需要注意的是,结露式传感器对低湿不敏感,对高湿敏感,在大气凝露点附近具备开关特性。按照使用材料不同,湿度传感器可分为陶瓷式、有机高分子式、半导体式、电解质式等;按照工作原理不同,又可分为电阻式、电容式和集成湿度传感器。

项目三
力和压力的检测

📖 项目引言

　　力无处不在,人们时时刻刻被各种各样的力所环绕。人们生活在大气压力下、承受着地球的引力,人的步行需要重力和与地面的摩擦力;货物流通中的称量(由重力获得质量),水泥生产过程中的物料输送与配比检测,生活与工业环境噪声检测,自来水、暖气管道的压力检测,石油化工的各种高温气液流体检测,液位与江河海洋的深度检测等,都与力的检测密切相关。利用不同物理效应制成的压力传感器作为信息获取与信息转换的装置器件,全面实现了被测量的转换。

📖 项目重难点及目标

知识重点	力敏传感器的分类; 力敏传感器的结构与特性; 金属应变片式传感器; 压阻式、电容式压力传感器的结构、特性与工作原理
知识难点	力敏传感器接口电路设计
知识目标	掌握力敏传感器的结构、特性及应用; 掌握压阻式压力传感器的工作原理及应用电路; 电容式传感器分类及工作原理
技能目标	能够识别常用元器件、压力传感器并进行质量鉴别; 能够完成力敏传感器测量电路设计、制作与调试
思政目标	介绍高血压对人生命健康的危害,对学生进行健康教育,让学生积极主动地参与体育锻炼,远离手机,少玩游戏,引导学生培养高雅的生活情趣

任务一　称重传感器

知识准备

一、定义、分类、材料和结构

称重传感器是能将重力信号转换成电量信号的转换装置。称重传感器按转换方法分为光电式、液压式、电磁力式、电容式、磁极变形式、振动式、陀螺仪式、电阻应变式等,其中电阻应变式应用最广。本任务主要涉及电阻应变式称重传感器。电阻应变式称重传感器弹性体(弹性元件、敏感梁),在外力作用下产生弹性变形,使粘贴在表面的电阻应变片(转换元件)随同产生变形,电阻应变片变形后,它的阻值将发生变化(增大或减小),再经相应的测量电路把这一电阻变化转换为电信号(电压或电流),从而完成将重力变换为电信号的过程。

一般来说,应变式传感器具有以下优点:

①误差小,测量范围广。对测力传感器而言,量程从零点几牛顿至几百上千牛顿,误差较小,一般小于1%;对测压传感器,量程从几十帕至$1×10^{11}$ Pa,精度为0.1% FS。应变测量范围一般可由1~2微应变至数千微应变(1微应变相当于长度为1 m的试件、变形为1 μm时的相对变形量)。

②频率响应特性较好。一般电阻应变式传感器的响应时间为10^{-7} s,半导体应变式传感器可达10^{-11} s,若能在弹性元件设计上采取措施,则应变式传感器可测几十甚至上百千赫兹的动态过程。

③结构简单,尺寸小,质量轻。因此,应变片粘贴在被测试件上对其工作状态和应力分布的影响很小,同时使用维修方便。

④可在高(低)温、高速、高压、强烈振动、强磁场及核辐射和化学腐蚀等恶劣条件下正常工作。

⑤易实现小型化、固态化。随着大规模集成电路工艺的发展,目前已能将测量电路甚至A/D转换器与传感器组成一个整体。传感器可直接接入计算机进行数据处理。

⑥价格低廉,品种多样,便于选择。

但是应变式传感器也存在一定缺点:在大应变状态中具有较明显的非线性,半导体应变式传感器的非线性更为严重;应变式传感器输出信号微弱,故其抗干扰能力较差,因此信号线需要采取屏蔽措施;应变式传感器测出的只是一点或应变栅范围内的平均应变,不能显示应力场中应力梯度的变化。尽管应变式传感器存在上述缺点,但可采取一定补偿措施,因此它仍不失为非电量电测技术中应用最广和最有效的敏感元件。因此,在航空航天、机械、化工、建筑、医学、汽车工业等领域有很广的应用。

常用的电阻应变片按材质可分为两类:金属电阻应变片和半导体电阻应变片。金属电阻应变片由纯金属箔片制成,通常使用的金属有钼、铂、镍等。金属电阻应变片因为采用的是金属材料,在应变作用下,金属的电阻值会发生微小变化,这种变化非常小,需要通过电桥等电路进行放大和测量。半导体电阻应变片的电阻变化主要是某一轴向受力后电阻率变化(即压阻效应)所致,因此对比金属电阻应变片,具有灵敏度高(通常是金属应变片的几十倍)、横向效应小等优点,但稳定性、重复性等不如金属应变片。这里我们主要介绍称重传感器常用的金属电阻应变片。金属应变片有金属丝式、箔式、薄膜式之分。常见金属应变片敏感栅结构如图 3-1 所示。

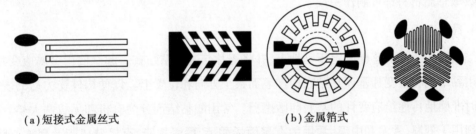

(a)短接式金属丝式　　　　　　　　(b)金属箔式

图 3-1　几种常见金属应变片敏感栅结构形式

电阻应变片根据材料和工艺不同,结构形式也不尽相同,但主要组成部分大体相同。如图 3-2 所示为金属丝式应变片的结构。金属应变片由敏感栅、基底、盖片(覆盖层)、引线及黏结剂组成。

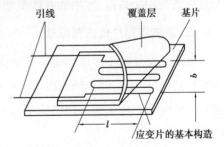

应变片的基本构造

图 3-2　金属丝式应变片的结构

1. 敏感栅

敏感栅是应变计中实现应变与电阻转换的敏感元件。敏感栅合金材料的选择对所制造的电阻应变计性能的好坏起着决定性的作用。它是应变片最重要的组成部分,由某种金属细丝绕成或焊接成栅形,以在较小的应变片尺寸范围内产生较大的应变输出。

对敏感栅的材料有如下要求:

①应有较大的应变灵敏系数,并在所测应变范围内保持为常数;

②具有高而稳定的电阻率,以便于制造小栅长的应变片;

③电阻温度系数小;

④抗氧化能力强,耐腐蚀性能强;

⑤在工作温度范围内能保持足够的抗拉强度;

⑥加工性能良好,易拉制成丝或轧压成箔材;

⑦易于焊接,对引线材料的热电势小。

2.基底和盖片(覆盖层)

基底用于保持敏感栅、引线的几何形状和相对位置;盖片既可以保持敏感栅和引线的形状和相对位置,还可以保护敏感栅使其免受机械损伤或防止高温氧化。为了把应变准确传导到敏感栅,要求基底很薄,厚度一般为 0.02 ~ 0.04 mm,盖片的材质要求与基底一致。

3.引线

引线是从应变片的敏感栅中引出的细金属丝,即连接敏感栅和测量线路的丝状或带状的金属导线。引线常用直径 0.1 ~ 0.12 mm 的镀锡(或镀银)铜线,或扁带形的其他金属材料制成。对引线材料的性能要求为:电阻率低、电阻温度系数小、抗氧化性能好、易于焊接。大多数敏感栅材料都可制作引线。

4.黏结剂

黏结剂用于将敏感栅固定于基地上,并将盖片与基底粘贴在一起。使用金属应变片时,也需用黏结剂将应变片基底粘贴在构件表面某个方向和位置上。以便构件受力后的表面应变及时准确地传递给应变计的基底和敏感栅。常用的黏结剂分为有机和无机两大类。有机黏结剂用于低温、常温和中温,常用的有聚丙烯酸酯、酚醛树脂、有机硅树脂及聚酰亚胺等。无机黏结剂用于高温,常用的有磷酸盐、硅酸盐、硼酸盐等。

二、金属应变片传感器原理

电阻应变片的工作原理是应变效应。电阻应变效应是指金属导体在外力作用下发生机械变形时,其电阻值随着所受机械变形(伸长或缩短)的变化而变化。导体或半导体的阻值随其机械应变而变化的原理很简单,因为导体或半导体的电阻 R 与电阻率 ρ 及其几何尺寸有关,公式为:

$$R = \frac{\rho l}{A}$$

式中,ρ 为电阻丝的电阻率;l 为电阻丝的长度;A 为电阻丝的截面积。当导体或半导体受到外力作用时,这三者都会发生变化,从而引起电阻的变化。因此通过测量阻值的大小,就可以反映外界作用力的大小。

如图 3-3 所示,电阻丝受到拉力 F 作用时,轴向伸长 Δl,横向减少 Δr,横截面积相应减少

ΔA,电阻率也会因材料晶格发生变形而产生 $\Delta \rho$ 的改变,从而引起电阻的变化量为

$$\frac{\mathrm{d}R}{R} = \frac{\mathrm{d}l}{l} - \frac{\mathrm{d}A}{A} + \frac{\mathrm{d}\rho}{\rho}$$

其中,$\frac{\mathrm{d}R}{R}$ 为电阻的相对变化;$\frac{\mathrm{d}\rho}{\rho}$ 为电阻率的相对变化;$\frac{\mathrm{d}l}{l}$ 为金属丝长度的相对变化,用 ε 表示,称为金属丝长度方向的应变或轴向应变;$\frac{\mathrm{d}A}{A}$ 为截面积的相对变化,因为 $A = \pi r^2$(其中 r 为金属丝的半径),因此有 $\frac{\mathrm{d}A}{A} = 2\frac{\mathrm{d}r}{r}$($\frac{\mathrm{d}r}{r}$ 称为径向应变)。在弹性范围内,轴向应变和径向应变的关系可表示为 $\frac{\mathrm{d}r}{r} = -\mu \frac{\mathrm{d}l}{l} = -\mu\varepsilon$,式中 μ 为金属材料的泊松比,负号表示应变方向相反。根据实验研究及理论分析结果,金属丝电阻的相对变化与金属丝的伸长或缩短之间存在比例关系。比例系数称为金属丝的应变灵敏系数 K_m,其物理意义为单位应变引起的电阻相对变化。其表达式为

$$K_m = \left[(1 + 2\mu) + C(1 - 2\mu) \right] = 1 + 2\mu + \frac{\frac{\mathrm{d}\rho}{\rho}}{\varepsilon}$$

由此可知,应变灵敏系数 K_m 受两个因素影响:一是应变片受力后材料几何尺寸的变化,即 $(1+2\mu)$;二是应变片受力后材料的电阻率发生的变化,即 $\frac{\frac{\mathrm{d}\rho}{\rho}}{\varepsilon}$。对于金属材料来说,其几何尺寸变化对电阻的影响要远远大于后者,后者的影响往往可以忽略,这一点与半导体应变片正好相反。

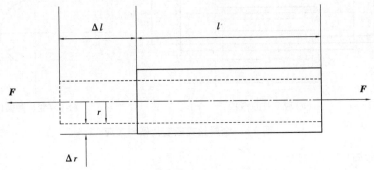

图 3-3 金属电阻丝的应变效应

三、金属应变片传感器参数、测量电路及温度补偿

金属应变片传感器在使用中需要合理考虑参数、测量电路的问题,才能获得精确的测量结果。

1. 电阻应变片的主要特性参数

（1）应变灵敏系数

由前面的分析可知，金属应变丝的电阻相对变化与它所受的应变之间具有线性关系，用灵敏度系数 K_m 表示。当金属丝做成应变片后，其电阻-应变特性，与金属单丝情况不同。因此，须用实验的方法对应变片的电阻-应变特性进行重新测定。实验表明，金属应变片的电阻相对变化与应变在很宽的范围内均呈线性关系，即 $\dfrac{\mathrm{d}R}{R} = K\varepsilon$，其中 K 为金属应变片的灵敏系数。测量结果说明，应变片的灵敏系数 K 恒小于金属应变丝的灵敏系数 K_m。造成这一结果的原因除胶层传递变形失真外，横向效应也是一个不可忽视的因素。

（2）横向效应

当将图 3-4 所示的应变片粘贴在被测试件上时，由于其敏感栅是由直线段和半圆弧组成的，因此，该应变片承受轴向应力而产生纵向拉应变 ε_x 时，各直线段的电阻将增加 [图 3-4（a）]。但在半圆弧段除承受径向拉应变 ε_x 而使电阻增加外，还要承受横向应变 ε_y 使电阻减小，因此圆弧段电阻的变化将小于沿轴向安放的同样长度电阻丝电阻的变化，如图 3-4(b)所示。由此可知，将直的电阻丝绕成敏感栅后，虽然长度不变，应变状态相同，但由于应变片敏感栅的电阻变化较小，因此其灵敏系数较电阻丝的灵敏系数小，这种现象称为应变片的横向效应。由于横向效应的影响，实际 K 值要改变，如仍按标称灵敏系数来进行计算，则可能造成较大误差。为了减小横向效应产生的测量误差，现在一般多采用箔式应变片。

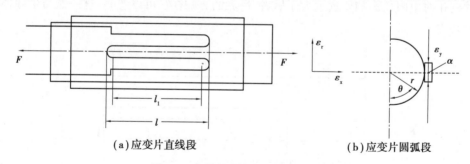

(a)应变片直线段　　　　　　(b)应变片圆弧段

图 3-4　金属丝式应变片横向效应

（3）机械滞后

由于敏感栅基底和黏结剂材料性能，或使用过程中的过载、过热，都会使敏感栅电阻发生少量的不可逆变化，在增加或减少机械应变的过程中，对于同一机械应变 ε，应变片的指示应变值不同。如图 3-5 所示，此差值 $\Delta\varepsilon$ 即为机械滞后。通常在实验之前应将试件预先加、卸载若干次，以减少因机械滞后所产生的实验误差。

（4）零点漂移和蠕变

对于粘贴好的应变片，当温度恒定且被测试件空载时，应变片的指示应变随时间增加而逐渐变化的现象称为应变片的零点漂移。产生零点漂移的主要原因是敏感栅通以工作电流后产生的温度效应、应变片的内应力逐渐变化、黏结剂固化不充分等。当应变片承受恒定的机械应变量,应变片的指示应变却随时间而变化时,这种特性称为蠕变。产生蠕变的原因是胶层之间发生"滑动",使力传到敏感栅的应变量逐渐减少。

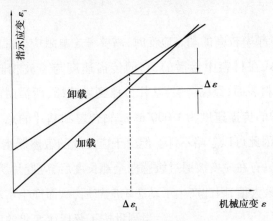

图 3-5 应变片的机械滞后

(5)应变极限

粘贴在试件上的应变计所能测量的最大应变值称为应变极限。在一定的温度(室温或极限使用温度)下,对试件缓慢地施加均匀的拉伸载荷,当应变计的指示应变值对真实应变值的相对误差大于 10% 时,就认为应变计已达到破坏状态,此时的真实应变值就作为该批应变计的应变极限 ε_{lim},如图 3-6 所示。

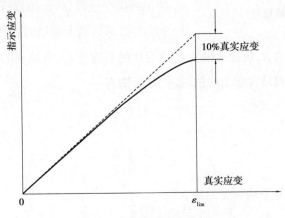

图 3-6 应变片的应变极限

(6)允许电流

允许电流是指已安装的应变片允许通过敏感栅而不影响其工作特性的最大电流。工作电流大,输出信号也大,灵敏度就高。但工作电流过大会使应变片过热,灵敏系数产生变化,零点漂移及蠕变增加,甚至烧毁应变片。工作电流的选取要根据试件的导热性能及敏感栅形状和尺寸来决定。

（7）初始电阻

初始电阻 R_0 是指应变片未经安装也不受外力情况下于室温所测得的电阻值。目前，应变片初始电阻 R_0 常见的有 60,120,250,350,600 和 1 000 Ω 几种规格，其中 120 Ω 为最常用阻值。

（8）动态特性

电阻应变片在测量频率较高的动态应变时，需要考虑电阻应变片的动态响应特性，此时应变是以应变波的形式在材料中传播的，它的传播速度与声波相同，对于钢材 $v \approx 5\ 000$ m/s。应变波由试件材料表面，经黏合层、基片传播到敏感栅，所需时间是非常短暂的，如应变波在黏合层和基片中的传播速度为 1 000 m/s，黏合层和基片的总厚度为 0.05 mm，则所需时间约为 5×10^{-8} s，因此可以忽略不计。但由于应变片的敏感栅相对较长，当应变波在纵栅长度方向上传播时，只有在应变波通过敏感栅全部长度后，应变片所反映的波形经过一定时间的延迟，才能达到最大值，因此产生了动态响应滞后，从而产生了动态测量误差。

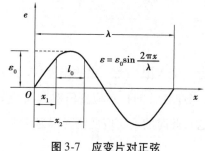

图 3-7　应变片对正弦应变波的响应特性

当测量按正弦规律变化的应变波时，由于应变片反映出来的应变波是应变片纵栅长度内所感受应变量的平均值，因此应变片所反映的波幅将低于真实应变波，从而带来一定的测量误差。显然这种误差将随应变片基长的增加而加大。当基片一定时，误差将随频率的增加而增大。图 3-7 所示是频率为 f，幅值为 ε_0 的正弦应变波以 $\varepsilon = \varepsilon_0 \sin 2\pi f t$ 通过试件时，应变片处于应变波达到最大幅值时的瞬时情况。

设应变波的波长为 λ，传播速度为 v，应变片的长度为 l_0，两端点的坐标为 x_1、x_2，考虑应变片正处于应变波达到最大幅值时的瞬时情况，则有：

$$x_1 = \frac{\lambda}{4} - \frac{L}{2}$$

$$x_2 = \frac{\lambda}{4} + \frac{L}{2}$$

此时应变片基长 l_0 内的平均应变的最大值为：

$$\varepsilon_p = \frac{\int_{x_2}^{x_1} \varepsilon_0 \sin \frac{2\pi}{\lambda} x \mathrm{d}x}{x_1 - x_2} = \frac{\lambda \varepsilon_0}{\pi l_0} \sin \frac{\pi l_0}{\lambda}$$

应变波幅测量的相对误差为：

$$\gamma = \frac{\varepsilon_0 - \varepsilon_p}{\varepsilon_0} = \frac{\lambda}{\pi l_0} \sin \frac{\pi l_0}{\lambda} - 1$$

测量误差 γ 与比值 $n=\lambda/10$ 有关。n 值越大，误差 γ 越小。一般取 $n=10\sim20$，其误差小于 $1.6\%\sim0.4\%$。

由于应变波通过敏感栅需要一定时间，因此当阶跃应变波的跃起部分通过敏感栅全部长度后，电阻变化才达到最大值。应变片对阶跃应变的响应特性如图 3-8 所示，以输出从最大值的 10% 上升到 90% 这段时间为上升时间，即 $t_k=0.8l_0/v$，其中 l_0 为应变片基长，v 为应变波的速度。

(a)应变波为阶跃波　　(b)理论响应特性　　(c)实际响应特性

图 3-8　应变片对阶跃应变的响应特性

2. 电阻应变片测量电路

要精确测量微小应变引起的微小电阻变化，必须采用特别设计的测量电路，将应变片的电阻变化转换成电压或电流变化，电阻应变片测量电路采用直流电桥或交流电桥。电桥是由无源元件电阻 R（或电感 L、电容 C）组成的四端网络。它在测量电路中的作用是将组成电桥各桥臂的电阻 R（或 L、C）等参数的变化转换为电压或电流通常输出，这里先介绍直流电桥，如图 3-9 所示。

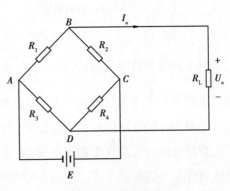

图 3-9　直流电桥

若将组成桥臂的一个或几个电阻换成电阻应变片，就构成了应变片测量的直流电桥。根据接入电阻应变片的数量及电路组成不同，应变片测量电桥可分为如下 3 种形式：单臂半桥、双臂半桥、全桥。

在如图 3-9 所示的直流电桥中，大部分电阻应变式传感器的电桥输出端与直流放大器相连，由于直流放大器输入电阻远大于电桥电阻，当 $R_L\to\infty$ 时，电桥输出电压为

$$U_o=\frac{R_1R_4-R_2R_3}{(R_1+R_2)(R_3+R_4)}E$$

当 $R_1R_4-R_2R_3=0$ 时 $U_o=0$，此时电桥平衡。以 $R_1R_4=R_2R_3$ 作为电桥平衡条件，取 $R_1=R_2=R_3=R_4=R$ 即可实现电桥平衡。将 R_1 换成阻值等于 R 的电阻应变片，即组成单臂半桥测量电路，若电阻应变片承受应变所产生的阻值变化量为 ΔR，则相应的输出电压为 $U_o=\dfrac{\Delta R}{4R+2\Delta R}E$。

由于 $\Delta R \ll R$，因此可认为 $U_o \approx \dfrac{1}{4}\dfrac{\Delta R}{R}E$，可得输出电压与电阻变化率为近似线性关系，其电压

灵敏度 $K_u = \dfrac{\Delta U}{\dfrac{\Delta R}{R}} = \dfrac{E}{4}$。为提高灵敏度和改善线性，可采用双臂半桥和全桥电路，如图 3-10

所示。

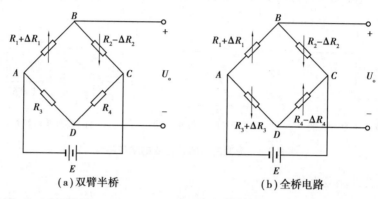

(a) 双臂半桥   (b) 全桥电路

图 3-10   双臂半桥和全桥电路

对于双臂半桥测量电路，$U_o = \dfrac{1}{2}\dfrac{\Delta R}{R}E$，而对于全桥电路 $U_o = \dfrac{\Delta R}{R}E$，即双臂半桥电压灵敏

度比单臂半桥电路灵敏度高一倍，而全桥电路灵敏度又比双臂半桥电路灵敏度高了一倍。
双臂半桥和全桥电路同时还有温度补偿的作用。

直流电桥的优点在于稳定度高、易于获得、电桥平衡电路简单、传感器至测量仪表连接
导线的分布参数影响小等。但由于应变电桥输出电压很小，一般都要加放大器，而直流放大
器易于产生零点漂移，线路也较复杂，因此应变电桥多采用交流电桥。

交流电桥的结构和工作原理与直流电桥基本相同，其交流电桥的各桥臂仍采用应变片
或无电感精密电阻，只是使用交流电源供电，需要考虑分布电容的影响。这相当于应变片并
联了一个电容。

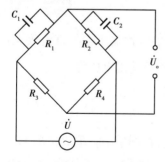

图 3-11   半桥差动交流电桥

在如图 3-11 所示的半桥差动交流电桥中，由于供桥电源
为交流电源，引线分布电容使得二桥臂应变片呈现复阻抗特
性，因此每一桥臂上复阻抗分别为：

$$Z_1 = \frac{R_1}{1 + j\omega R_1 C_1}$$

$$Z_2 = \frac{R_2}{1 + j\omega R_2 C_2}$$

其中，C_1、C_2 为应变片引线分布电容。

电桥平衡时，$U_o = 0$，则有 $Z_1 Z_4 = Z_2 Z_3$，即

$$\frac{R_1}{1 + j\omega R_1 C_1} R_4 = \frac{R_2}{1 + j\omega R_2 C_2} R_3$$

整理后得

$$\frac{R_3}{R_1} + j\omega R_3 C_1 = \frac{R_4}{R_2} + j\omega R_4 C_2$$

使式子虚部和实部分别相等,则得到其平衡条件为

$$\frac{R_2}{R_1} = \frac{R_4}{R_3} \text{ 且 } \frac{R_2}{R_1} = \frac{C_1}{C_2}$$

因此为了实现交流电桥平衡,在电桥电路上除设有电阻平衡调节外还必须设有电容平衡调节。

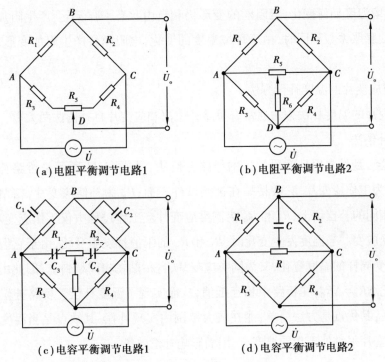

图 3-12　交流电桥平衡调节电路

如图 3-12 所示为交流电桥平衡电路,其中,图 3-12(a)、(b)电阻平衡调节电路,图 3-12 (c)、(d)电容平衡调节电路。当被测应力变化引起 $Z_1 = Z_{10} + \Delta Z$,$Z_2 = Z_{20} - \Delta Z$ 变化时(且 $Z_{10} = Z_{20} = Z_0$),电桥输出电压为

$$\dot{U}_o = \dot{U}\left(\frac{Z_0 + \Delta Z}{2Z_0} - \frac{1}{2}\right) = \frac{1}{2}\dot{U}\frac{\Delta Z}{Z_0}$$

一般情况下,由于导线的寄生电容很小,因此有 $\Delta Z \approx \Delta R$,$Z_0 \approx R_0$,可得

$$\dot{U}_o \approx \frac{1}{2}\dot{U}\frac{\Delta R}{R_0}$$

由此可见,与直流差动电桥相似,交流电桥的输出电压也与电阻的相对变化成正比。

3. 温度补偿

(1)温度误差及其产生原因

由于测量现场环境温度的改变而给测量带来的附加误差,故称为应变片的温度误差。温度变化所引起的应变片阻值变化有时会和由待测量变化引起的阻值变化有相同的数量级,因此不可忽略,如果不采取必要措施,则会极大地影响测量精度。产生应变片温度误差的主要因素有:

①手敏感栅材料本身的电阻温度系数影响。

②试件材料和电阻丝材料的线膨胀系数的影响:当试件与电阻丝材料的线膨胀系数相同时,不论环境温度如何变化,电阻丝的变形仍和自由状态一样,不会产生附加变形。当试件和电阻丝线膨胀系数不同时,由于环境温度的变化,电阻丝会产生附加变形,从而产生附加电阻。

(2)电阻应变片的温度补偿方法

电阻应变片的温度补偿方法通常有桥路补偿法和应变片自补偿法两大类。

1)桥路补偿法

桥路补偿法是最常用且效果较好的线路补偿法。如图 3-13 所示是桥路补偿法的原理图。图中 R_1 为工作应变片,它被粘贴在被测试件表面;R_B 为补偿应变片,粘贴在与被测试件材料完全相同的补偿块上,R_1 和 R_B 为同类应变片。工作过程中仅工作应变片承受应变,补偿块不承受应变。当温度发生变化时,R_1 和 R_B 的阻值都发生变化,由于它们处在相同的温度场中,承受同样的温度变化,又为同类应变片,且粘贴在相同材料上,因此由温度变化引起的电阻变化 $\Delta R_1 = \Delta R_B$,在桥路中相互抵消,从而实现了温度补偿。桥路补偿法是最常用的温度补偿法,其优点是方法简单,能在较大范围内实现补偿;其缺点是当温度变化梯度较大时,补偿应变片很难处于相同温度点,因而影响补偿效果。

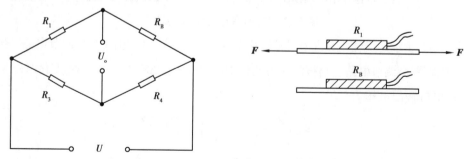

图 3-13　桥路补偿法

2）应变片自补偿法

a. 单丝自补偿应变片。选择合适的应变片敏感栅材料,使其温度系数 α 与试件材料及敏感栅材料的线膨胀系数匹配,当温度变化时,产生的附加应变为零或相互抵消,从而达到温度自补偿的目的。该方法的缺点是一种 α 值的应变片只能在一种试件材料上使用,应用上受到限制。

b. 双丝自补偿应变片。这种应变片选用两种不同金属材料,其温度系数一个为正、另一个为负,两者串联绕制,如图 3-14 所示。R_a 和 R_b 为两段不同材料的敏感栅,当温度变化时,产生的电阻变化为一正一负,使其大小相等,相互抵消。

c. 热敏电阻补偿法。热敏电阻补偿法如图 3-15 所示,图中热敏电阻 R_t 处在与应变片相同温度条件下,当应变片阻值随温度变化而变化时,热敏电阻阻值也随之变化。合理选择分流电阻 R_5,可使电桥输出电压 U_o 得到良好补偿。

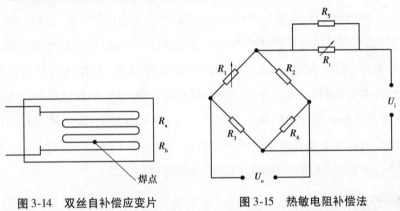

图 3-14　双丝自补偿应变片　　　　图 3-15　热敏电阻补偿法

四、压阻式传感器简介

早期的压阻式传感器(即半导体应变片式传感器)是利用半导体应变片粘贴在弹性体上制成的。后来发展出在 N 型硅片上定域扩散 P 型杂质形成电阻条,并连接入电桥电路制成芯片,这样的芯片仍需粘贴在弹性元件上才能测量压力的变化。因此仍存在滞后和蠕变大、固有频率低、不利于动态测量、集成化程度及精确度不高的缺点。

20 世纪 70 年代后期,出现了周边固定支撑的电阻和硅膜片一体化的扩散型压力传感器,它不仅克服了粘片结构的固有缺陷,而且能将电阻条、补偿电路和信号调整电路集成在一块硅片上,甚至将微型处理器与传感器集成在一起,制成智能传感器。这种新型传感器的优点是:

①频率响应高(有的产品固有频率达 1.5 MHz 以上),适于动态测量。

②体积小(有的产品外径可达 0.25 mm),适于微型化。

③精度高,可达 0.1% ~ 0.01%。

④灵敏高,比金属应变计高出很多倍,有些应用场合可不加放大器。

⑤无活动部件,可靠性高,能工作于振动、冲击、腐蚀、强干扰等恶劣环境。其缺点是温度影响较大(工作环境温度变化大时需进行温度补偿)、制造工艺较复杂且造价高等。

压阻式传感器广泛地应用于航天、航空、航海、石油化工、动力机械、生物医学工程、气象、地质、地震测量等各个领域。在航天和航空工业中,压力是一个关键参数,因此对静态和动态压力、局部压力和整个压力场的测量都有很高的精度要求。压阻式传感器是用于这方面的较理想的传感器。例如,用于测量直升飞机机翼的气流压力分布,测试发动机进气口的动态畸变、叶栅的脉动压力和机翼的抖动等。在飞机喷气发动机中心压力的测量中,使用专门设计的硅压力传感器,其工作温度达 500 ℃以上。在波音客机的大气数据测量系统中采用精度高达 0.05% 的配套硅压力传感器。在尺寸缩小的风洞模型试验中,压阻式传感器能密集安装在风洞进口处和发动机进气管道模型中。单个传感器直径仅 2.36 mm,固有频率高达 300 kHz,非线性和滞后均为全量程的±0.22%。在生物医学方面,压阻式传感器也是理想的检测工具,如已制成扩散硅膜薄到 10 μm,外径仅 0.05 mm 的注射针型压阻式压力传感器和能测量心血管、颅内、尿道、子宫和眼球内压力的传感器。压阻式传感器还有效地应用于爆炸压力和冲击波的测量、真空测量、监测和控制汽车发动机的性能以及诸如测量枪炮膛内压力、发射冲击波等兵器方面的测量。此外,在油井压力测量、随钻测向和测位地下密封电缆故障点的检测以及流量和液位测量等方面都广泛应用压阻式传感器。随着微电子技术和计算机的进一步发展,压阻式传感器的应用前景将更加广阔。

任务实施

压力检测实验

一、实验原理

图 3-16　FSR402 实物图

柔性压力传感器(FSR)是一种超薄(厚度通常在 0.3 mm 左右)高灵敏度电阻式压力传感器,如图 3-16 所示。它由几个薄的柔性层组成,其电阻值会随着压力施加到感测区域而变化。按压得越多,电阻碳元素与导电迹线的接触就越多,从而降低了阻值,同时会引起输出电压的变化,压力越大,输出电压越大。

这种类型的传感器主要用于测量压力变化趋势和区域内的压力分布(压力图),例如,机器人抓地力传感、人类和动物步态测量、轮椅坐姿测量、电子乐器、智能拳击手套、压力测量鞋垫等。但是,由于柔性压力传感器压力检测不是很准确,因此不建议用于需要精确压力检测的情况。

FSR402 压力传感器是将施加在 FSR 传感器薄膜区域的压力转换成电阻值的变化,从而获得压力信息,其允许用在压力为 0 ~ 10 kg 的场合。根据 FSR402 数据手册中对 FSR402 特性的描述,可以知道输出管脚之间的电阻和压力的关系如图 3-17 所示。在起始阶段,当压力突破一定压力阈值之后,导通电阻有一个突破。在这个阈值之前,FSR 相当于一个开关。当超过这个阈值的时候,FSR 的电阻与压力之间就呈现一种连续变化的关系。

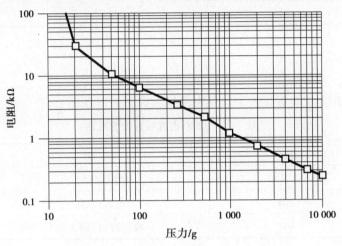

图 3-17 FSR402 压力与电阻之间的关系

读取 FSR 最简单的方法是将 FSR 与固定值电阻器(通常为 10 kΩ)连接成串联分压器。其应用电路如图 3-18 所示,将 FSR 的一端连接到电源,另一端连接一个下拉电阻,然后将固定值下拉电阻器和可变 FSR 电阻器之间的点连接到 Arduino 的 ADC 输入。例如,在使用 5 V 电源和 10 kΩ 下拉电阻的情况下,没有压力时,FSR 电阻非常高(大约 10 MΩ),这时产生的输出电压约为 0 V;如果用力按压 FSR,则电阻将降至大约 250 Ω,这时产生的输出电压约为 5 V。

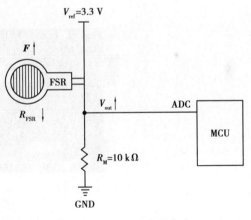

图 3-18 FSR402 应用电路

二、硬件设计

1. 实验材料

实验材料清单见表 3-1。

表 3-1　实验材料清单

元器件及材料	说　明	数　量
Arduino UNO	或兼容板	1
压力传感器	FSR402	1
电阻	10 kΩ 1 个	1
面包板		1
跳线		1 扎

2.硬件连接

引脚功能连接分配情况见表 3-2,其电路连线如图 3-19 所示。

表 3-2　引脚功能连接分配情况表

Arduino	功　能
5 V	电源正极
GND	电源负极
A0	模拟接口(输入)

注:FSR402 正面(有条纹的)朝上时,左边的引脚为负极,右边为正极。

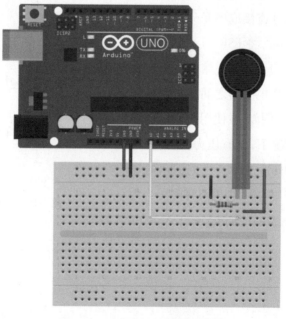

图 3-19　压力传感器电路连线图

三、软件设计

1. 软件参考程序

```
int fsrPin = 0;        //A0 接口
int fsrReading;
void setup(void){
  Serial.begin(9600);
}
void loop(void){
  fsrReading = analogRead(fsrPin);
  Serial.print("Analog reading = ");
  Serial.print(fsrReading);
  if (fsrReading < 10){
    Serial.println(" - No pressure");
  } else if (fsrReading < 200){
    Serial.println(" - Light touch");
  } else if (fsrReading < 500){
    Serial.println(" - Light squeeze");
  } else if (fsrReading < 800){
    Serial.println(" - Medium squeeze");
  } else {
    Serial.println(" - Big squeeze");
  }
  delay(1000);
}
```

2. 程序分析

首先定义了 fsrReading 来保存 FSR 原始模拟读数的变量。

然后在代码的设置功能中,我们初始化与 PC 的串行通信。

在循环功能中,我们从 FSR 传感器分压获取模拟读数,并将其显示在串行监视器上。如前所述,传感器的输出电压在 0 V(未施加压力)和大约 5 V(已施加最大压力)之间。当 Arduino 将模拟电压转换为数字电压时,它实际上将其转换为 0 ~ 1 023 的 10 位数字。因此,

在串行监视器中将看到 0 和 1 023 之间的值,具体取决于挤压传感器的程度。表 3-3 列出了
FSR 传感器(带有 5 V 电源和 10 kΩ 下拉电阻)受力、电阻、A0 模拟量及分压值的关系。

表 3-3　FSR 传感器输入输出关系

力/N	FSR 电阻	A0 模拟量	分压/V
0	10 MΩ	2	0.005
0.2	30 kΩ	265	1.3
1	6 kΩ	634	3.1
10	1 kΩ	920	4.5
100	250 Ω	1 002	4.9

任务评价

表1　学生工作页

项目名称：			专业班级：	
组别：		姓名：	学号：	
计划学时			实际学时	
项目描述				
工作内容				
项目实施	1.获取理论知识			
	2.系统设计及电路图绘制			
	3.系统制作及调试			
	4.教师指导要点记录			
学习心得				
评价	考评成绩			
	教师签字			年　月　日

表 2 项目考核表

项目名称:			专业班级:		
组别:		姓名:		学号:	
考核内容	考核标准		标准分值/分	得分/分	
学生自评	根据自己在项目实施过程中工作任务的轻重和多少、角色的重要性以及学习态度、工作态度、团队协作能力等表现,给出自评成绩		10		
学生互评	根据同学在项目实施中工作任务的轻重和多少、角色的重要性以及学习态度、工作态度、团队协作能力等表现,给出互评成绩		10		评价人
项目成果评价	总体设计	任务是否明确; 方案设计是否合理,是否有新意; 软件和硬件功能划分是否合理	20		
	硬件设计	传感器选型是否合理; 电路搭建是否正确合理	20		
	程序设计	程序流程图是否满足任务需求; 程序设计是否符合程序流程图设计	20		
	系统调试	各部件之间的连接是否正确; 程序能否控制硬件正常工作	10		
	学生工作页	是否认真填写	5		
	答辩情况	任务表述是否清晰	5		
教师评价					
项目成绩					
考评教师			考评日期		

微课视频

任务二 电容传感器

一、工作原理及特性

电容式传感器是以电容器为敏感元件,将被测非电量(如位移、振动、介质成分等)的变化转换为电容量的变化的传感器。它结构简单、体积小、分辨率高、动态响应快、测量精度高、可实现非接触测量,并能在高温、辐射和强烈振动等恶劣条件下工作。随着新材料、新工艺,尤其是半导体集成技术等的快速发展,电容式传感器输出阻抗高、易受外界干扰和寄生电容影响的缺点也得到了较好的解决,目前广泛应用于压力、差压、液位、振动、位移、加速度、湿度以及成分含量等的测量中。

以如图 3-20 所示的由绝缘介质分开的两个平行金属板组成的平板电容器为例,如果不考虑边缘效应,其电容量为:

$$C = \frac{\varepsilon S}{d} = \frac{\varepsilon_r \varepsilon_0 S}{d}$$

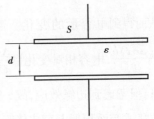

式中,S 为极板相对覆盖面积、d 为极板间距离、ε 为电容极板间介质的介电常数、ε_0 为真空介电常数、ε_r 为电容极板间介质的相对介电常数。由公式可知,当 d、S 和 ε 中的某一项或某几

图 3-20 平板电容式传感器

项有变化时,就改变了电容 C,通过测量电路将 C 的变化转换为电量的输出,就可以实现非电量的测量。所以电容式传感器可以分为 3 种类型,即改变极板面积的变面积型、改变极板间距离的变极距型、改变极板间介质的变介质型。

二、结构与分类

1. 变极距型电容式传感器

变极距型电容式传感器结构如图 3-21 所示,图中极板 1 为静极板,极板 2 为动极板。电容初始值为 $C_0 = \dfrac{\varepsilon_r \varepsilon_0 S}{d}$。当动极板随被测量的变化而移动时,极距 d 变化为 $d-\Delta d$ 时,电容随之变化,变化量为 $\Delta C=\dfrac{\varepsilon S}{d-\Delta d}-\dfrac{\varepsilon S}{d}=C_0\dfrac{\Delta d}{d-\Delta d}$。当 $\Delta d\ll d$ 时,可近似认为灵敏度 $K=\dfrac{C_0}{d}=\dfrac{\varepsilon_r\varepsilon_0 S}{d^2}$。

从计算结果分析,可以得出电容 C 与极距变化 Δd 之间为非线性关系,只有当 $\Delta d\ll d$ 时,才可认为是近似线性关系,但对量程有所限制,因此变极距型电容式传感器适合测量小位移。变极距型电容式传感器灵敏度 K 与初始极距 d 的平方成反比,故可以通过减小初始极距 d 的方式提高灵敏度,但 d 过小时,又受击穿电压所限,同时加工精度要求也更高。为此,一般在极板间放置云母、塑料膜等介电常数高的物质来改善这种情况。在实际应用中,为提高灵敏度,减小非线性,可采用差动式结构,如图 3-22 所示。差动式比单级式灵敏度提高一倍,可以大大减小非线性误差,还可以进行有效的温度补偿。

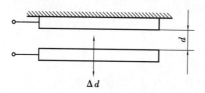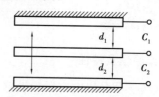

图 3-21　变极距型电容式传感器　　　　图 3-22　差动式变极距型电容式传感器

2. 变面积型电容式传感器

变面积型电容式传感器结构如图 3-23 所示。以图 3-23(a)中的平板式变面积型电容式传感器为例,初始电容为 $C_0=\dfrac{\varepsilon ab}{d}$,被测量通过动极板移动引起两极板有效覆盖面积 S 改变,从而得到电容量的变化。当动极板相对于定极板沿长度方向平移 x 时,电容变为 $C=\dfrac{\varepsilon(a-x)b}{d}$,电容相对变化量 $\dfrac{\Delta C}{C_0}=-\dfrac{x}{a}$,灵敏度为 $K=-\dfrac{\varepsilon b}{d}=-\dfrac{C_0}{a}$。由此可知:$C$ 与位移呈线性关系,但考虑到边缘效应,故 x 变化不能太大,否则会造成较大的非线性误差。对圆柱式和角位移式变面积型电容式传感器通过分析也可得出结论:电容的变化量与面积的变化量呈线性关系。为提高灵敏度,减小非线性,变面积型电容式传感器也常使用差动结构。变面积型电容式传感器适合测量较大位移。

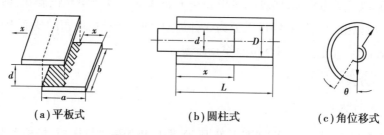

(a)平板式　　　　　　(b)圆柱式　　　　　　(c)角位移式

图 3-23　变面积型电容式传感器

3. 变介电常数型电容式传感器

当被测非电量的变化导致电容两极板间介电常数发生变化时,电容量也会随之改变。变介电常数型电容式传感器的工作正是基于这一原理。这类传感器应用非常广泛,可用来测量造成电介质厚度、位移等变化的物理量,也可用来测量电介质的温度、湿度等物理量。

以图 3-24 所示的测位移用变介电常数型电容式传感器为例,当两电极板不动时,相对介电常数为 ε_2 的电介质水平移动,改变了两种介质的极板覆盖面积。如忽略边缘效应,则电容与水平位移的关系为 $C=C_1+C_2=\dfrac{\varepsilon_0 b}{d_0}\left[\varepsilon_1(L_0-L)+\varepsilon_2 L\right]$,其中 L_0 和 b 分别为极板的长和宽,L 为被测物进入极板的长度,ε_1 和 ε_2 为两种介质的相对介电常数,d_0 为极板间距离。

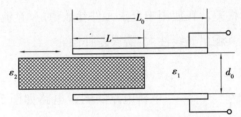

图 3-24　变介电常数型电容式传感器测位移

若电介质 1 为空,即 $\varepsilon_1=1$,则电介质 2 进入极板后引起的电容相对变化为 $\dfrac{\Delta C}{C_0}=\dfrac{\varepsilon_2-1}{L_0}L$。由此可知,电容变化量 ΔC 与被测位移 L 呈线性关系。

三、电容式传感器测量电路

电容式传感器把被测物理量转换为电容变化后,通过测量电路将电容量转换成电量,较常采用的测量电路有调频电路、电桥电路、二极管双 T 形电路和运算放大器电路等。

1. 调频电路

调频电路是把电容式传感器与一个电感元件配合成一个振荡器谐振电路。当电容传感器工作时,电容量发生变化,导致振荡频率产生相应的变化。再通过鉴频电路将频率的变化转换为振幅的变化,经放大器放大后即可显示,这种方法称为调频法。如图 3-25 所示就是调频-鉴频电路原理图。调频振荡器振荡频率由公式 $f=\dfrac{1}{2\pi\sqrt{LC}}$ 计算,其中 L 为振荡回路电感;C 为振荡回路总电容。振荡回路的总电容由传感器 $C_0\pm\Delta C$,谐振回路中的固定电容 C_1 和传感器电缆分布电容 C_2 三部分组成。以变间隙式电容器为例,如果没有被测信号,则 $\Delta d\neq 0$,$\Delta C\neq 0$,这时 $C=C_1+C_0+C_2$,所以振荡器的频率为 $f_0=\dfrac{1}{2\pi\sqrt{L(C_1+C_0+C_2)}}$。$f_0$ 一般应选在此频率以上。当传感器工作时，$\Delta d \neq 0$，则 $\Delta C \neq 0$，振荡频率也相应改变 Δf，则有 $f_0 \pm \Delta f =$
$$\frac{1}{2\pi \sqrt{L(C_1+C_0+C_2) \pm \Delta C}}。$$

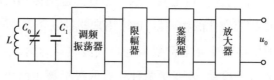

图 3-25　调频-鉴频电路原理图

这种电路的优点在于：频率输出易得到数字量输出，不需要 A/D 转换；灵敏度较高；输出信号大，可获得伏特级的直流信号，便于实现计算机连接；抗干扰能力强，可实现远距离测量。不足之处主要是稳定性差。在使用中要求元件参数稳定、直流电源电压稳定，并要消除温度和电缆电容的影响。其输出非线性大，需误差补偿。

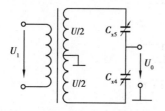

图 3-26　电容式传感器的桥式电路

2. 电桥电路

电桥电路的测量电路如图 3-26 所示，将电容式传感器接入交流电桥作为电桥的一个臂（另一个臂为固定电容）或两个相邻臂；另两个臂可以是电阻、电容或电感，也可是变压器的两个二次线圈。由于它们是紧耦合电感臂的电桥，因此具有较高的灵敏度和稳定性，且寄生电容影响极小，大大简化了电桥的屏蔽和接地，适合在高频电源下工作。而在实际电桥电路中，还应附加零点平衡调节、灵敏度调节等。变压器式电桥有两臂是电源变压器次级线圈，另两臂为传感器的两个电容，使用元件最少，桥路内阻最小，因此目前较多采用。

交流电桥电路工作特点有：

①高频交流正弦波供电；

②电桥输出调幅波，要求其电源电压波动极小，须采用稳幅、稳频等措施；

③通常处于不平衡工作状态，所以传感器必须工作在平衡位置附近，否则电桥非线性增大，且在要求精度高的场合应采用自动平衡电桥；

④输出阻抗很高（几兆欧至几十兆欧），输出电压低，必须后接高输入阻抗、高放大倍数的处理电路。

电桥电路灵敏度和稳定性较高，适合做精密电容测量；寄生电容影响小，简化了电路屏蔽和接地，适用于高频工作。但电桥输出电压幅值小，输出阻抗高，其后必须接高输入阻抗放大器才能工作，而且电路不具备自动平衡措施，构成较复杂。此电路从原理上没有消除杂散电容影响的问题，为此采取屏蔽电缆等措施，效果不一定理想。

3.二极管双 T 形电路

二极管双 T 形电路如图 3-27 所示,D_1、D_2 为特性相同的两个二极管,C_1 和 C_2 为电容传感器差动电容,R_1、R_2 为阻值相同的固定电阻,R_L 为负载电阻。供电电压是幅值为 $\pm U_i$、周期为 T、占空比为 50% 的方波。

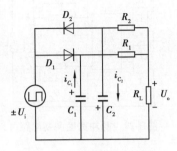

图 3-27　二极管双 T 形电路

当电源为负半周时,其中二极管 D_2 导通、D_1 截止,电容 C_2 以极其短的时间充电,电容 C_1 通过 R_1、R_L 放电。当电源为负半周时,其中二极管 D_2 导通、D_1 截止,电容 C_2 以极其短的时间充电,电容 C_1 通过 R_1、R_L 放电。如果二极管具有相同的特性,且令 $C_1 = C_2$,$R_1 = R_2 = R$,则正半周和负半周流过负载的电流大小相等,方向相反,即一个周期内流过负载的平均电流为零。如果 $C_1 \neq C_2$,那么输出电压的平均值为 $U_o = \dfrac{RR_L(R+2R_L)}{(R+R_L)^2} \dfrac{U_i}{T}(C_1-C_2)$。输出电压不仅与电源的频率和幅值有关,而且与电容的差值有关。

这种电路工作特点有:

①线路简单,可全部放在探头内,大大缩短了电容引线,减小了分布电容的影响;

②电源周期、幅值直接影响灵敏度,要求它们高度稳定;

③输出阻抗为 R,而与电容无关,克服了电容式传感器高内阻的缺点;

④适用于具有线性特性的单组式和差动式电容式传感器。

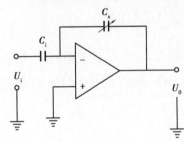

图 3-28　运算放大器式测量电路

4.运算放大器式测量电路

运算放大器式测量电路如图 3-28 所示,图中 C_i 为固定电容,C_x 为传感器电容。电容式传感器跨接在高增益运算放大器的输入端与输出端之间。运算放大器的输入阻抗很高,因此可认为它是一个理想运算放大器,其输出电压为 $\dot{U}_o = -\dot{U}_i \dfrac{C_i}{C_x}$。对变极距型电容传感器来说,代入

$C_x = \dfrac{\varepsilon_0 A}{d}$,则有 $\dot{U}_o = -\dot{U}_i \dfrac{C_i}{\varepsilon_0 A} d$,输出电压与动极片机械位移 d 呈线性关系。

该电路的最大特点是能够克服变极距型电容式传感器的非线性,是电容式传感器比较理想的测量电路。但电路要求电源电压稳定,固定电容量稳定,并要求放大倍数与输入阻抗足够大。

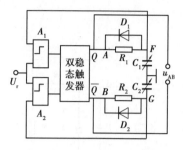

图 3-29　脉冲宽度调制电路

四、脉冲宽度调制电路

脉冲宽度调制电路又称差动脉冲调宽电路,利用对传感器电容的充放电使电路输出脉冲的宽度随传感器电容量变化而变化,通过低通滤波器得到对应被测量变化的直流信号。其电路图如图 3-29 所示。图中 C_1、C_2 为差动式传感器的两个电容,若用单组式,则其中一个为固定电容,其电容值与传感器电容初始值相等,电阻 $R_1 = R_2$,D_1 和 D_2 为特性相同的二极管。A_1、A_2 是两个比较器,U_r 为其参考电压,A、B 为双稳态输出端,双稳态触发器的两输出端 Q 和 $\overline{Q}$ 电平由比较器控制,产生反向的方波脉冲电压。

当电源接通后,假设触发器 Q 端输出高电平,$\overline{Q}$ 端输出低电平,此时 U_A 通过 R_1 对 C_1 充电;当 F 点的电位 U_F 升高到与 U_r 相等时,比较器 A_1 输出脉冲使触发器状态翻转,Q 端输出低电平,$\overline{Q}$ 端输出高电平,同时 C_1 通过 D_1 快速放电,U_B 通过 R_2 向 C_2 充电;当 G 点的电位 U_G 升高到与 U_r 相等时,比较器 A_2 输出脉冲使触发器状态翻转。如此反复循环,在双稳态触发器的两端分别产生一个宽度受 C_1、C_2 调制的脉冲方波。

图 3-30 所示为电路各点电压的输出波形图。当 $C_1 = C_2$ 时,Q 和 $\overline{Q}$ 两端的脉冲宽度相等,两端间平均电压为 0,如图 3-30(a)所示;当 $C_1 > C_2$ 时,各点电压的输出波形如图 3-30(b)所示,Q 和 $\overline{Q}$ 两端间的平均电压为

$$U_o = U_A - U_B = \frac{T_1}{T_1 + T_2} U_1 - \frac{T_2}{T_1 + T_2} U_1 = \frac{T_1 - T_2}{T_1 + T_2} U_1$$

其中 U_A、U_B 为 A 点和 B 点的矩形脉冲的直流分量,T_1、T_2 分别为 C_1 和 C_2 的充电时间,U_1 为触发器输出的高电位,U_r 为触发器的参考电压。由于 $R_1 = R_2$,C_1 和 C_2 的充电时间 T_1 和 T_2 分别为 $T_1 = R_1 C_1 \ln \dfrac{U_1}{U_1 - U_r}$ 和 $T_2 = R_2 C_2 \ln \dfrac{U_1}{U_1 - U_r}$,代入后得

$$U_o = \frac{C_1 - C_2}{C_1 + C_2} U_1$$

因此得出输出的直流电压与传感器两电容差值成正比。设电容 C_1 和 C_2 的极间距离和面积分别为 d_1、d_2 和 A_1、A_2,将平行板电容公式代入上式,对于差动式变极距型和变面积型电容式传感器可得

$$U_o = \frac{d_2 - d_1}{d_1 + d_2} U_1$$

$$U_o = \frac{A_1 - A_2}{A_2 + A_1} U_1$$

从以上分析可以看出:脉冲调宽型电路适用于任何差动式电容式传感器,并具有理论上的线性特性。脉冲宽度调制电路优点主要有:采用直流电源,其电压稳定度高,不存在稳频、波形纯度的要求,也不需要相敏检波与解调等;对元件无线性要求,便于集成组件化;经低通滤波器可输出较大的直流电压,对输出矩形波的要求也不高;电路抗干扰性能较强,不仅适用于静态测量,也适用于动态测量,并有较大的动态工作范围。但是脉冲宽度调制电路对直流电源电压稳定性及电路对称性有较高要求。

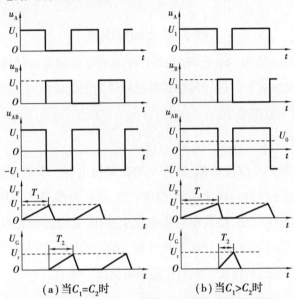

图3-30　脉冲宽度调制电路各点电压波形图

五、电容式传感器的应用

1. 电容触摸屏

触摸屏广泛应用于日常生活的各个领域,如手机、媒体播放器、导航系统数码相机、PDA、游戏设备、显示器、电器控制、医疗设备等。主流的触摸屏分为电阻式触摸屏、电容式触摸屏、声表面波式触摸屏、红外线式触摸屏等。其中,红外线式和电容式触摸屏能够支持多点触控,前者由于尺寸限制和线性度不高,尚不能满足消费类产品的要求,而电容式触摸屏因其相对可接受的成本以及良好的线性度和可操作性,是目前主流的多点触控技术。电容式触摸屏主要有两种类型:表面式电容触摸屏和投射式电容触摸屏。

2. 燃料液位检测

圆柱形电容传感器常被用作液位检测,其原理如图3-31所示。其电容为:

$$C_x = C_1 + C_2 = \frac{2\pi\varepsilon_1(H - h_2)}{\ln(r_2/r_1)} + \frac{2\pi\varepsilon_2 h_2}{\ln(r_2/r_1)} = \frac{2\pi\varepsilon_1 H}{\ln(r_2/r_1)} + \frac{2\pi(\varepsilon_2 - \varepsilon_1)h_2}{\ln(r_2/r_1)} = C_{x_0} + \Delta C$$

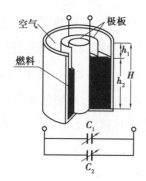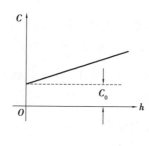

图 3-31　燃料液位检测

当燃料液位升高, h_2 增大, ΔC 也增大, 即传感器的电容增大; 燃料液位降低, h_2 减小, ΔC 也减小, 即传感器的电容减小。这样传感器就把油量的变化转换成了电容的变化, 通过测量电容的大小就能知道油量的多少。

3. 湿度检测

电容式传感器还被用作湿度检测, 较常见的是湿敏电容。湿敏电容一般用高分子薄膜电容制成, 常用的高分子材料有聚苯乙烯、聚酰亚胺、醋酸纤维等。当环境湿度发生改变时, 湿敏电容的介电常数发生变化, 使其电容量也发生变化, 其电容变化量与相对湿度成正比。湿敏电容的主要优点是灵敏度高、产品互换性好、响应速度快、湿度的滞后量小、便于制造、容易实现小型化和集成化, 其精度一般要比湿敏电阻低一些。

任务实施

触摸开关实验

一、实验原理

触摸传感器也称为触觉传感器, 对触摸、力或压力敏感。触摸传感器主要在物体或个人与其物理接触时起作用, 与按钮或其他手动控制不同, 触摸传感器更敏感, 并且通常能够以不同的方式响应不同类型的触摸, 例如敲击、滑动和挤压, 因此触摸传感器已成为大多数可穿戴设备和物联网产品的标准配置。

触摸传感器有两种常见类型: 电容式触摸传感器和电阻式触摸传感器。本次实验使用的触摸传感器是一款基于电容感应的触摸开关模块, 如图 3-32 所示。当人体或金属直接触碰到传感器上的金属面时, 就可以被感应到。任何两个导电的物体之间都存在着感应电容, 一个按键(即一个焊盘)与大地就可构成一个感应电容, 在周围环境不变的情况下, 该感应电容值是固定不变的微小值。当有人体手指靠近触摸按键时, 人体手指与大地构成的感应电容并联焊盘与大地构成的感应电容, 使总感应电容值增加。

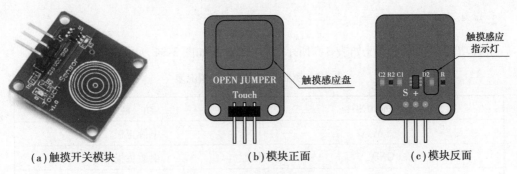

（a）触摸开关模块　　　　　（b）模块正面　　　　　（c）模块反面

图 3-32　触摸传感器实物图

如图 3-33 所示，该模块是一个基于触摸检测 IC（TTP223）的电容式点动型触摸开关模块。常态下，模块输出低电平，模式为低功耗模式；当用手指触摸相应位置时，模块会输出高电平，模式切换为快速模式；当持续 12 s 没有触摸时，模式又切换为低功耗模式。该模块提供了一个 11 mm ×10.5 mm 的集成触摸感应区域，传感器范围约为 5 mm。当触发传感器时，板载 LED 点亮。触发后，模块输出将从其空闲的低电平切换到高电平。通过焊接跳线允许将其工作模式重新配置为低电平有效触发输出。可以将模块安装在非金属材料如塑料、玻璃的表面，另外将薄薄的纸片（非金属）覆盖在模块表面，只要触摸的位置正确，即可做成隐藏在墙壁、桌面等地方的按键。该模块可以免除常规按压型按键的烦恼。

板标示符号	功 能	说 明
S	电平信号输出	默认为低。触摸后，输出高电平
+	DC 正极供电输入	2.5～5.5 V
−	DC 负极供电输入	

图 3-33　触摸开关模块参数

二、硬件设计

1. 实验材料

实验材料清单如表 3-4 所示。

表 3-4　实验材料清单

元器件及材料	说 明	数 量
Arduino UNO	或兼容板	1
触摸传感器	FSR402	1
面包板		1
跳线		1 扎

2. 硬件连接

引脚功能连接分配情况如表 3-5 所示,其电路连线如图 3-34 所示。

表 3-5　引脚功能连接分配情况表

Arduino UNO	功　能
5 V	电源正极
GND	电源负极
A0	模拟接口(输入)

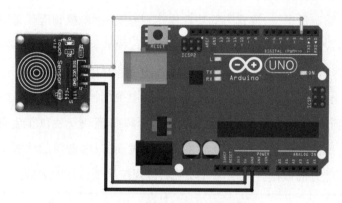

图 3-34　触摸传感器电路连线图

三、软件设计

1. 软件参考程序

```
const int buttonPin = 2;        //定义触摸开关的针脚号为2
const int ledPin = 13;          //定义 LED 引脚为 13(Arduino UNO 电路板自带
                                  LED)
int buttonPushCounter = 0;      //定义用来记录按键次数的整型变量
int buttonState = 0;            //记录当前按键的状态
void setup(){
  pinMode(buttonPin, INPUT);    //设置按键的引脚为输入状态
  pinMode(ledPin, OUTPUT);      //设置电路板上 LED 灯的引脚状态为输出状态
  Serial.begin(9600);           //开启串行通信,并设置其频率为 9 600 b/s
}
```

```
void loop()
{
  buttonState = digitalRead(buttonPin);   //读取按键的输入状态
    if (buttonState = = HIGH)
    {
    digitalWrite(ledPin, HIGH);               //点亮 LED 灯
    buttonPushCounter++;      //将记录按键次数的变量加 1,表示当前按键状
                                态为按下接通状态
      Serial.println("on");      //向串口调试终端打印字符串"on"并换行
      Serial.print("number of button pushes: ");   //向串口调试终端打印
                                       字符串
      Serial.println(buttonPushCounter);      //接着上一行尾部,打印记录
                                  按键次数变量的数值
    }
  else
    {
    digitalWrite(ledPin, LOW);     //熄灭 LED 灯
    Serial.println("off");            //向串口调试终端打印字符串"off",表示
                                当前按键状态为松开状态,也即断开状态
    }
    delay(500);   //为了避免信号互相干扰,每次按键的变化时间间隔延迟 500 ms
}
```

2. 程序分析

　　程序首先声明了两个整型变量,其中"buttonState"用于记录传感器的状态,标识它是否被触摸。"buttonPushCounter"用于记录按键按下的次数。

　　函数初始化中定义了引脚模式,即引脚功能应该是输入还是输出。这里触摸传感器是输入,LED 引脚是输出。

　　主程序中用 digitalRead( )函数读取触摸传感器输出,触摸传感器在被触摸时输出由 0 更改为 1,并且将值存储在变量 buttonState 中。条件为 1 时,LED 点亮,buttonPushCounter 计数加 1,并向串口调试终端打印字符串"on"。为了准确地检测触摸,需要使用去抖动延迟,

使用 delay(500),保证单点触摸。

其串口输出数据如图 3-35 所示。

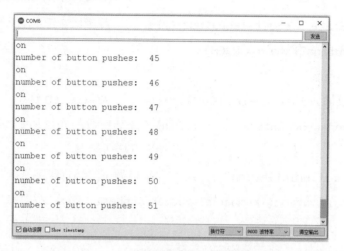

图 3-35　触摸传感器串口输出数据

任务评价

表1 学生工作页

项目名称：			专业班级：	
组别：	姓名：		学号：	
计划学时			实际学时	
项目描述				
工作内容				
项目实施	1.获取理论知识			
	2.系统设计及电路图绘制			
	3.系统制作及调试			
	4.教师指导要点记录			
学习心得				
评价	考评成绩			
	教师签字		年 月 日	

表 2　项目考核表

项目名称:			专业班级:		
组别:		姓名:		学号:	
考核内容	考核标准		标准分值/分	得分/分	
学生自评	根据自己在项目实施过程中工作任务的轻重和多少、角色的重要性以及学习态度、工作态度、团队协作能力等表现,给出自评成绩		10		
学生互评	根据同学在项目实施中工作任务的轻重和多少、角色的重要性以及学习态度、工作态度、团队协作能力等表现,给出互评成绩		10		评价人
项目成果评价	总体设计	任务是否明确; 方案设计是否合理,是否有新意; 软件和硬件功能划分是否合理	20		
	硬件设计	传感器选型是否合理; 电路搭建是否正确合理	20		
	程序设计	程序流程图是否满足任务需求; 程序设计是否符合程序流程图设计	20		
	系统调试	各部件之间的连接是否正确; 程序能否控制硬件正常工作	10		
	学生工作页	是否认真填写	5		
	答辩情况	任务表述是否清晰	5		
教师评价					
项目成绩					
考评教师			考评日期		

📖 项目总结

力在工业自动化生产过程中是重要的工艺参数之一,较多地用于检测力的传感器。本项目通过 3 个任务介绍了测量力的传感器、金属应变片式力敏传感器、压阻式力敏传感器以及压电式力敏传感器的工作原理、主要特性、典型应用。

①金属应变片式力敏传感器是利用金属的应变效应来工作的,应变片的主要参数包括灵敏度系数、横向效应、机械滞后、温度补偿、零点漂移及蠕变等。应变式力敏传感器常用的测量电路是电桥电路,分为单臂电桥、双臂电桥以及四臂全桥。

②压阻式力敏传感器是利用半导体应变片的压阻效应来工作的,其主要特性是应变-电阻特性、电阻温度特性。常用的测量电路仍然是平衡电桥,主要包括恒流源供电电桥和恒压源供电电桥。

③压电式力传感器是基于某些电介质的压电效应工作的,是典型的自发电式传感器,常用于动态力的检测。压电效应是可逆的,即存在着逆压电效应。具有压电效应的材料主要包括压电晶体、压电陶瓷、压电聚合物和压电复合材料等。其信号变换电路主要有两种形式:电压放大器和电荷放大器。

目前金属应变片式力敏传感器、压阻式力敏传感器以及压电式力敏传感器主要用于力、压力、加速度等物理量的测量。

项目四
超声波测距

项目引言

在工业生产中,超声波被广泛用于探伤、清洗、测流量以及对各种高温、有毒和强腐蚀性液体液位进行测量。在日常生活中,超声波被广泛用于汽车倒车雷达、自动清扫机器人避障等。本项目通过对超声波基础知识的描述、超声波测距电路的制作与调试等,使读者理解与掌握超声波的基本特性、超声波传感器的基本结构、工作原理和测试方法,并具备电子产品设计、制作、调试与故障的排查能力。

项目重难点及目标

知识重点	超声波物理特性; 超声波传感的结构与特性; 超声波发射电路的工作原理; 超声波接收电路的工作原理
知识难点	超声波测量电路设计
知识目标	了解超声波传感器的结构、特性及应用; 掌握超声波发射电路的工作原理; 掌握超声波接收电路的工作原理
技能目标	能进行超声波测量的设计、制作和调试
思政目标	了解超声波传感器在医疗领域、工业领域、汽车安全领域的应用;鼓励学生关注社会、服务社会,为国家和人民的福祉贡献自己的力量

微课视频

任务　超声波传感器

知识准备

一、物理基础

超声波传感器是利用超声波的特性,将超声波信号转换成电信号的新型传感器。声波是一种能在气体、液体、固体中传播的机械波。声波按频率可分为次声波、声波和超声波。频率为 16 Hz ~ 20 kHz 的声波是能为人耳所闻的机械波;次声波就是频率低于 16 Hz 的机械波,而超声波则是频率高于 20 kHz 的机械波。各种声波频率范围如图 4-1 所示。

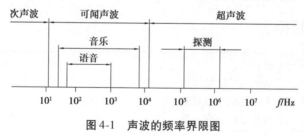

图 4-1　声波的频率界限图

超声波的特性是频率高、波长短、衍射现象小。它最显著的特性是方向性好,且在液体、固体中衰减很小,穿透能力强,碰到介质分界面会产生明显的反射、折射和波形转换等现象,因而广泛应用于工业检测中。

当声源在介质中的施力方向与声波在介质中的传播方向不同时,声波波形也有所不同,通常可分为纵波、横波及表面波。其中质点振动方向与传播方向一致的波称为纵波;质点振动方向垂直于传播方向的波为横波;质点振动介于纵波和横波之间,沿着表面传播,振幅随着深度的增加而迅速衰减的波称为表面波。超声波的传播速度取决于介质的弹性常数及介质密度。气体和液体中只能传播纵波,气体中声速为 344 m/s,液体中声速为 900 ~ 1 900 m/s。在固体中,纵波、横波和表面波三者的声速成一定关系,通常可认为横波声速为纵波声速的一半,表面波声速约为横波声速的 90% 。超声波在工业中应用时多采用纵波波形。

超声波在介质中传播时,随着传播距离的增加,能量逐渐衰减。能量的衰减决定于超声波的扩散、散射和吸收。

以超声波作为检测手段，能产生超声波和接收超声波。完成这种功能的装置就是超声波传感器，习惯上称为超声换能器或超声探头。

二、结构与工作原理

超声波传感器按其工作原理，可分为压电式、磁致伸缩式、电磁式等，其中压电式最为常用。

1. 压电式超声波传感器

压电式超声波传感器是利用压电材料的压电效应来工作的。常用的敏感元件材料主要有压电晶体和压电陶瓷。

根据正、逆压电效应的不同，压电式超声波传感器分为发生器（发射探头）和接收器（接收探头）两种，压电式超声波发生器是利用逆压电效应的原理将高频电振动转换成高频机械振动，从而产生超声波。当外加交变电压的频率等于压电材料的固有频率时会产生共振，此时产生的超声波最强。压电式超声波接收器利用正压电效应原理进行工作。当超声波作用到压电晶片上引起晶片伸缩时，在晶片的两个表面上便产生极性相反的电荷，这些电荷被转换成电压经放大后送到测量电路，最后记录或显示出来。压电式超声波接收器的结构和超声波发生器的基本相同，有时就用同一个传感器兼作发生器和接收器两种用途。

典型的压电式超声波传感器结构主要由压电晶片、吸收块（阻尼块）、保护膜等组成。压电晶片多为圆板形，超声波频率与其厚度成反比。压电晶片的两面镀有银层，作为导电的极板，底面接地，上面接引出线。为了避免传感器与被测件直接接触而磨损压电晶片，在压电晶片下黏合一层保护膜。吸收块的作用是降低压电晶片的机械品质，吸收超声波的能量。图 4-2 所示为空气传导式压电式超声波传感器的结构图，其中图（a）为发射探头，图（b）为接收探头。

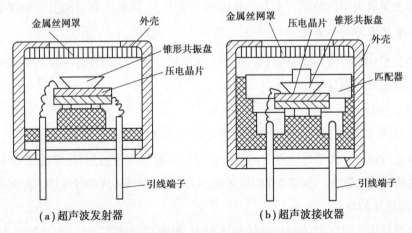

（a）超声波发射器　　　　　　　　（b）超声波接收器

图 4-2　压电式超声波传感器的结构图

2. 磁致伸缩式超声波传感器

铁磁材料在交变磁场中沿着磁场方向产生伸缩的现象,称为磁致伸缩效应。磁致伸缩效应的强弱即材料伸长缩短的程度,因铁磁材料的不同而各异。镍的磁致伸缩效应最大,如果先加一定的直流磁场,再通以交变电流,则其可以工作在特性最好的区域。磁致伸缩传感器的材料除镍外,还有铁钴钒合金和含锌、镍的铁氧体。它们的工作频率范围较窄,仅在几万赫兹以内,但功率可达十万瓦,声强可达每平方毫米几千瓦,且能耐较高的温度。

磁致伸缩式超声波发生器是把铁磁材料置于交变磁场中,使它产生机械尺寸的交替变化即机械振动,从而产生超声波。磁致伸缩式超声波接收器的原理是:当超声波作用在磁致伸缩材料上时,引起材料伸缩,从而导致它的内部磁场(即导磁特性)发生改变。根据电磁感应,磁致伸缩材料上所绕的线圈便获得感应电动势。此电势被送到测量电路,最后记录或显示出来。

三、性能指标及选型

1. 超声波传感器性能指标

超声波传感器的主要性能指标包括工作频率、工作温度、灵敏度。

（1）工作频率

工作频率就是压电晶片的共振频率。当加到它两端的交流电压的频率和晶片的共振频率相等时,输出的能量最大,灵敏度也最高。

（2）工作温度

由于压电材料的居里点一般比较高,特别是诊断用超声波探头使用功率较小,所以工作温度比较低,可以长时间地工作而不产生失效。医疗用的超声探头的温度比较高,需要单独的制冷设备。

（3）灵敏度

灵敏度主要取决于制造晶片本身。机电耦合系数大,灵敏度高;反之,灵敏度低。

2. 超声波传感器选型要求

在选择和安装超声波传感器时,除考虑性能指标外,还需要明确一些基本条件,不然就会直接影响传感器的测量结果。

（1）探测范围和大小

要探测的物体大小直接影响超声波传感器的检测范围。传感器必须探测到一定声级的声音才可以进行输出。大部件能将大部分声音反射给超声波传感器,这样传感器才可在其最远传感距离检测到此部件。小部件仅能反射较少的一部分声音,从而导致传感范围大大缩小。

（2）探测物体的特点

使用超声波传感器探测的理想物体应体积大、平整且密度高,并与变换器正面垂直。最难探测的物体是体积小且由吸音材料制成的物体,或者与变换器呈一定角度的物体。

（3）温度导致的衰减

超声波传感器还设计了温度补偿功能，以调节环境温度的缓慢改变。但是，它不能调节温度梯度或环境温度的快速变化。

（4）周围是否有振动

无论是传感器本身的振动还是附近机器的振动，都可能影响距离测量的精确度。可在安装传感器时用橡胶防振装置来减少这类问题。有时也可使用导轨来消除或降低部件振动。

（5）环境导致的误测

附近的物体可能会反射声波。要准确探测目标物体，必须降低或消除附近声音反射表面的影响。为了避免误测附近物体，许多超声波传感器都装有 LED 指示灯，用于安装时指示操作人员，以确保正确安装传感器并降低误测风险。

3. 超声波传感器的应用

超声波传感器可分为透射型、分离式反射型和一体式反射型。透射型超声波传感器主要用于遥控器、防盗报警、接近开关等；分离式反射型超声波传感器用于测距、液位或料位；反射型用于材料探伤、测厚度等。

（1）超声波传感器测厚度

超声波传感器测量厚度的方法有共振法、干涉法、脉冲回波法等。较常用的是脉冲回波法，其原理如图 4-3 所示。超声波探头与被测物体表面接触，主控制器用一定频率的脉冲信号激励压电式探头，使之产生重复的超声波脉冲。脉冲传到被测工件另一面时被反射回来，被同一探头接收，经放大器放大后，加到示波器垂直偏转板上。标记发生器输出时间来标记脉冲信号，同时加到该垂直偏转板上。在示波器上可直接读出发射和接收电磁波之间的时间间隔 t，由此可算出被测物体厚度 δ。

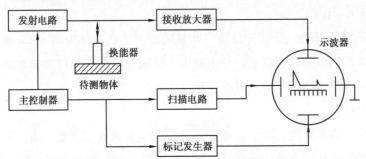

图 4-3　脉冲回波法测厚度原理框图

（2）超声波测液位

超声波测液位是由超声波在两种介质分界面上的反射特性实现。其工作原理如图 4-4所示。根据发射及接收换能器的功能不同，可分为单换能器（超声波发射和接收使用同一个换能器）和双换能器（超声波发射和接收各自使用一个换能器）。

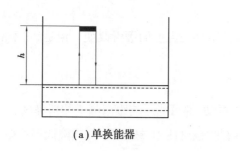 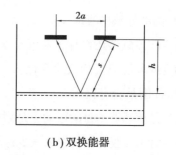

(a)单换能器　　　　　　　　　　　(b)双换能器

图 4-4　脉冲回波法测液位的工作原理图

（3）超声波防盗报警器

超声波防盗报警电路工作原理如图 4-5 所示。图中上部为发射部分,下部为接收部分的电原理框图。它们装在同一块线路板上。发射器发射出频率 f 为 40 kHz 左右的连续超声波(空气超声探头选用 40 kHz 工作频率可获得较高灵敏度,并可避开环境噪声干扰)。如果有人进入信号的有效区域,相对速度为 v,从人体反射回接收器的超声波将由于多普勒效应,而发生频率偏移 Δf。根据本装置的原理,还能运用多普勒效应去测量运动物体的速度,液体、气体的流速,汽车防碰、防追尾等。

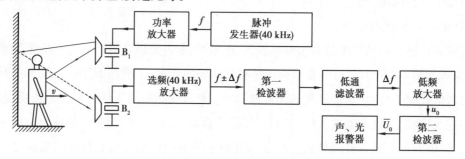

图 4-5　超声波报警电路工作原理图

（4）超声波无损探伤

超声波无损探伤(简称超声探伤)是一种利用超声波在物体中的传播、反射和衰减等物理特性来发现缺陷的无损检测方法。它主要用于检测金属材料和部分非金属材料的内部缺陷。超声探伤可以分为 A、B、C 等几种类型。

1）A 型超声探伤

A 型超声探伤的结果以二维坐标图形式给出。它的横坐标为时间轴,纵坐标为反射波强度。可以从二维坐标图上分析出缺陷的深度、大致尺寸,但较难识别缺陷的性质、类型。

2）B 型超声探伤

B 型超声探伤的原理类似于医学上的 B 超。它将探头的扫描距离作为横坐标,探伤深度作为纵坐标,以屏幕的辉度(亮度)来反映反射波的强度。它可以绘制被测材料的纵截面图形。探头的扫描可以是机械式的,更多的是用计算机控制一组发射晶片阵列(线阵)来完成与机械式移动探头相似的扫描动作,但扫描速度更快,定位更准确。

3)C 型超声探伤

目前发展最快的是 C 型超声探伤,它类似于医学上的 CT 扫描原理。计算机控制探头中的三维晶片阵列(面阵),使探头在材料的纵、深方向上扫描,因此可绘制出材料内部缺陷的横截面图,这个横截面与扫描声束相垂直。横截面图上各点的反射波强通过相对应的几十种颜色,在计算机的高分辨率彩色显示器上显示出来。经过复杂的算法,可以得到缺陷的立体图像和每一个断面的切片图像。

任务实施

超声波测距实验

一、实验原理

超声波测距原理:超声波(声音)在空气中传播的速度为 340 m/s(也会受温度影响,但影响轻微,在粗测中可忽略),超声波遇到障碍物时就会原路反射回来,根据 $L=(V×T)/2$ 可求得发出声波的位置到障碍物的距离(因为时间 T 是超声波来回两段路程的时间,所以要除以 2)。

如图 4-6 所示为 HC-SR04 超声波测距模块,超声波距离传感器的核心是两个超声波传感器:一个用作发射器,将电信号转换为 40 kHz 超声波脉冲;一

图 4-6　HC-SR04 超声波测距模块

个用作超声波接收器,用于监听返回的信号脉冲。其电气参数如表 4-1 所示。

表 4-1　HC-SR04 超声波测距模块电气参数

Operating Voltage 工作电压	直流 5 V
Operating Current 工作电流	15 mA
Operating Frequency 运行频率	40 kHz
Max Range 最大范围	4 m
Min Range 最小范围	2 cm
Ranging Accuracy 测距精度	3 mm
Measuring Angle 测量角度	15°
Trigger Input Signal 触发输入信号	10 μs TTL 脉冲
Dimension 尺寸	45 mm×20 mm×15 mm

HC-SR04 模块基本工作原理如图 4-7 所示：

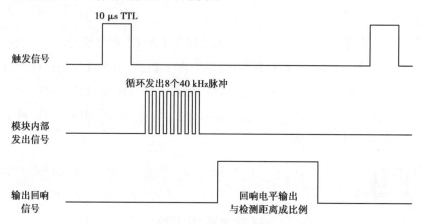

图 4-7　HC-SR04 超声波测距模块电气参数

①采用 IO 口 Trig 触发测距，给出至少 10 μs 的高电平信号；

②模块自动发送 8 个 40 kHz 的方波（这种 8 脉冲模式使设备的"超声特征"变得独一无二，从而使接收器将发射模式与环境超声噪声区分开），并自动检测是否有信号返回；

③有信号返回，通过 IO 口 Echo 输出一个高电平，高电平持续的时间就是超声波从发射到返回的时间。如果这些脉冲没有被反射回来，则回波信号将在 38 ms 后超时并返回低电平。因此 38 ms 的脉冲表示在传感器范围内没有阻挡。

通过时序图可知，使用时，需要给 Trig 控制口提供一个 10 μs 以上脉冲触发信号，该模块内部将发出 8 个 40 kHz 周期电平并检测回波。一旦有输出就可以开启定时器计，当此口变为低电平时，定时器的值就为此次测距的时间，回响信号的脉冲宽度与所测的距离成正比。通过发射信号到收到的回响信号时间间隔可以计算得到距离：

$$测试距离 = (高电平时间 \times 声速^{[1]})/2$$

建议测量周期为 60 ms 以上，以防止发射信号对回响信号的影响。

注意：①此模块不宜带电连接，若要带电连接，则先让模块的 GND 端先连接，否则会影响模块的正常工作。

②测距时，被测物体的面积不少于 0.5 m² 且平面尽量要求平整，否则影响测量的结果。

二、硬件设计

1. 实验材料

实验材料清单如表 4-2 所示。

1　声速 = 340 m/s。

表4-2　实验材料清单

元器件及材料	说　明	数　量
Arduino UNO	或兼容板	1
超声波传感器	HC-SR04	1
面包板		1
跳线		1 扎

2. 硬件连接

引脚功能连接分配情况如表4-3所示,其电路连线图如图4-8所示。

表4-3　引脚功能连接分配情况表

Arduino	功　能	HC-SR04	功　能
5 V	电源正极	VCC	模块供电(5 V)
GND	电源负极	Trig 引脚	给这个引脚一个持续 10 μs 的高电平,HC-SR04 就会自动发射 8 个 40 kHz 的方波(即超声波)
D2	数字接口(输出)	Echo 引脚	从 HC-SR04 成功地向外发射超声波开始,这个引脚就会变成高电平,高电平会一直持续到 HC-SR04 接收到回波为止
D3	数字接口(输入)	GND	接地

注意:Trig 和 Echo 必须接在 Arduino 的数字端口上。

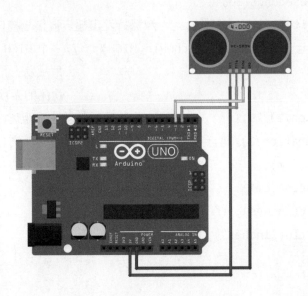

图4-8　超声波传感器电路连线图

三、软件设计

1. 软件参考程序

```
int TrigPin = 2;    //接超声波的 TrigPin 引脚到数字 D2 脚
int EchoPin = 3;    //接超声波的 EchoPin 引脚到数字 D3 脚
long duration, cm, inch;    //变量 duration 保存了信号发射和接收之间的时
                              间;变量 cm 将以厘米为单位保存距离,而变量 inch
                              将以英寸[1]为单位保存距离
void setup()
{
Serial.begin(9600);
pinMode(TrigPin, OUTPUT);
pinMode(EchoPin, INPUT);
}
void loop()
{
    digitalWrite(TrigPin,LOW);    //使发出超声波信号接口低电平 2 μs
    delayMicroseconds(2);
    digitalWrite(TrigPin,HIGH);    //使发出超声波信号接口高电平 10 μs,这里
                                     至少是 10 μs
    delayMicroseconds(10);
    digitalWrite(TrigPin,LOW);    //保持发出超声波信号接口低电平
    float duration = pulseIn(EchoPin,HIGH);    //一个 HIGH 脉冲,其持续时间
                                                 是从发送信号到接收回波到
                                                 物体的微秒时间
cm =(duration/2)/29.1;          //将脉冲时间转化为距离(单位厘米)
inches =(duration/2)/74;        //将脉冲时间转化为距离(单位英寸)
Serial.print(cm);
Serial.println("cm");
Serial.print(inches);
Serial.println("inches");
delay(1000);
}
```

---

1 1 英寸=2.54 cm。

2.程序分析

初始化时将 Trig 和 Echo 端口都置低,首先向给 Trig 发送至少 10 μs 的高电平脉冲(模块自动向外发送8个40 kHz 的方波),然后等待,捕捉 Echo 端输出上升沿,捕捉到上升沿的同时,打开定时器开始计时,再次等待捕捉 Echo 的下降沿,当捕捉到下降沿时,读出计时器的时间,这就是超声波在空气中运行的时间,按照公式"测试距离=(高电平时间×声速)/2"就可以算出超声波到障碍物的距离。声速取 340 m/s = 0.034 cm/μs = 1/29 cm/μs,或以英寸为单位:13 503.9 in/s = 0.013 5 in/μs =1/74 in/μs。

pulseIn( ):用于检测引脚输出的高低电平的脉冲宽度。

pulseIn(pin,value,timeout)

Pin:需要读取脉冲的引脚

Value:需要读取的脉冲类型,HIGH 或 LOW

Timeout:超时时间,单位微秒(μs),数据类型为无符号长整型。

超声波传感器串口输出数据如图4-9所示。

图 4-9　超声波传感器串口输出数据

说明:

①在 HC-SR04 超声波测距传感器不能用于以下几种情况:

a. 传感器与物体/障碍物之间的距离大于 13 ft[1]。

b. 物体的反射面呈浅角度(这种情况下声音不会反射回传感器)。

c. 物体太小(物体太小就无法将足够的声音反射回传感器)。此外,如果将 HC-SR04 传感器安装在设备的较低位置,则可能会检测到声音从地板上反射出来。

1　ft 即英尺,1 英尺=30.48 cm。

d. 柔软、不规则的物体表面(例如毛绒动物体表,其吸收而不反射声音)。

②温度对距离测量的影响。

尽管 HC-SR04 超声波测距传感器对大多数项目来说都相当准确,例如入侵者检测或接近警报;但有时候可能需要设计一种要在户外或在异常炎热或寒冷的环境中使用的设备。在这种情况下,要考虑空气中的声速随温度、气压和湿度而变化的情况。如果已知温度(℃)和湿度,可以使用公式:声速(m/s)= 331.4+(0.606×温度)+(0.012 4×湿度)对声速进行修正。

任务评价

表 1　学生工作页

项目名称：			专业班级：		
组别：		姓名：		学号：	
计划学时				实际学时	
项目描述					
工作内容					
项目实施	1.获取理论知识				
	2.系统设计及电路图绘制				
	3.系统制作及调试				
	4.教师指导要点记录				
学习心得					
评价	考评成绩				
	教师签字				年　月　日

表 2　项目考核表

项目名称：			专业班级：		
组别：		姓名：		学号：	
考核内容	考核标准		标准分值/分	得分/分	
学生自评	根据自己在项目实施过程中工作任务的轻重和多少、角色的重要性以及学习态度、工作态度、团队协作能力等表现,给出自评成绩		10		
学生互评	根据同学在项目实施中工作任务的轻重和多少、角色的重要性以及学习态度、工作态度、团队协作能力等表现,给出互评成绩		10		评价人
项目成果评价	总体设计	任务是否明确; 方案设计是否合理,是否有新意; 软件和硬件功能划分是否合理	20		
	硬件设计	传感器选型是否合理; 电路搭建是否正确合理	20		
	程序设计	程序流程图是否满足任务需求; 程序设计是否符合程序流程图设计	20		
	系统调试	各部件之间的连接是否正确; 程序能否控制硬件正常工作	10		
	学生工作页	是否认真填写	5		
	答辩情况	任务表述是否清晰	5		
教师评价					
项目成绩					
考评教师			考评日期		

📖 项目总结

本项目主要介绍超声波传感器的检测原理、结构、基本电路、主要特性和超声波传感器的应用。

①超声波的基本知识。超声波是振动频率高于 20 kHz 的机械波,为直线传播式,频率越高,绕射能力越弱,但反射能力越强,并有一定的声场指向性。超声波有 3 种波形:纵波、横波及表面波。其传播速度取决于介质的弹性系数、介质的密度及声阻抗,超声波在介质中传播时,随着传播距离的增加,能量逐渐衰减。

②当超声波从一种介质传播到另一种介质中时,在两种介质的分界面上,一部分能量反射回原介质,称为反射波;另一部分能量透射过分界面,在另一种介质内部继续传播,称为折射波。

③超声波传感器的材料有多种选择,主要有压电晶体、压电陶瓷、高分子聚合物等。利用逆压电效应可产生超声波,利用压电效应可接收超声波,超声波传感器分为直探头、斜探头、双探头、表面波探头、聚焦探头等,压电材料是超声波传感器的研制、应用和发展的关键。

④超声波测距是利用超声波在空气中的传播速度为已知数据,测量超声波在发射后遇到障碍物反射回来的时间,根据发射和接收的时间差计算出发射点到障碍物间的实际距离。如果测距精度要求很高,则应通过温度补偿的方法加以修正。

超声波在工农业生产中有极其广泛的应用,在工业中可用来对材料进行检测和探伤,可以测量气体、液体和固体的物理参数,可以测量厚度、液面高度、流量、黏度和硬度等,还可以对材料的焊缝、黏结等进行检查。

实操从工作任务入手,基于超声波传感器的基础知识,先引入不同的超声波传感器应用电路的设计、制作与调试等项目训练,再对超声波传感器的特性与工作原理进行详细分析,遵从人们"从感性到理性,再回到感性"的认识规律,使读者逐步理解和掌握超声波传感器测量电路的结构与工作原理,掌握其制作与测量的基本技能。

项目五
光学量的检测

📖 项目引言

在工业生产中,光敏传感器被广泛用于温度、压力、位移、速度、加速度等物理量的测量以及生产线上的产品计数等。在日常生活中,光敏传感器被广泛用于自动照明控制、自动门控制、防盗报警、电子警察等系统。本项目在描述光敏传感器基础知识的基础上,通过光敏电阻感光灯控制电路设计、红外循迹电路设计和人体感应报警电路设计与调试等任务,让读者对光敏传感器的特性、分类、结构、工作原理和测试方法等有一定的理解,并初步具备电子产品设计、制作、调试与故障排查能力。

📖 项目重难点及目标

知识重点	光敏传感器的分类; 光敏传感器的结构与特性; 光敏电阻; 光敏晶体管; 红外传感器
知识难点	光敏传感器测量电路设计
知识目标	了解光敏波传感器的结构、特性及应用; 掌握光敏电阻及应用电路工作原理; 掌握光敏晶体管及应用电路工作原理; 掌握红外传感器及应用电路工作原理
技能目标	能对常用元器件、光敏传感器进行识别与质量鉴别; 能进行光敏传感器应用电路的设计、制作和调试
思政目标	利用光电传感器研发出了种类繁多的节能电子产品,让学生了解节能减排对环境保护的重要性,更深刻地体会"绿水青山就是金山银山"的含义

项目实施

光本质上是一种电磁波,光的波长越短,对应的频率越高。图 5-1 为可见光光谱范围示意图,对应的光谱范围为 380 ~ 780 nm。根据视觉感受,可见光分为红、橙、黄、绿、青、蓝、紫 7 个波长,对应为 7 种不同的光色彩。

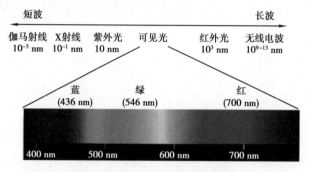

图 5-1　可见光光谱范围示意图

描述可见光的主要单位有光通量、发光强度、发光效率、照度、亮度等。

①光通量:光源在单位时间内产生光感的能量之和,用 Φ 表示,单位是流明(lm)。

②发光强度:光源在某一给定方向的单位立体角内发射的光通量,用 I 表示,单位是坎德拉(cd)。

③发光效率:光源所发射的光通量与该光源所消耗的电功率的比值,单位是流明/瓦(lm/W)。

④照度:单位被照面积上接收到的光通量,用 E 表示,单位是勒克斯(lx)。

⑤亮度:发光体表面发光强弱的物理量,是指视角方向上单位面积的发光强度,用 L 表示,单位是坎德拉/平方米(cd/m^2)。

光电器件是光敏传感器的核心,是一种将光信号转换成电信号的检测元件。常见的光电器件有光电管、光电倍增管、光敏电阻、光敏二极管、光敏三极管、光电池等。

任务一 光敏电阻

微课视频

知识准备

一、光电效应

光电传感器进行非电量检测的理论基础是光电效应,即物体吸收到光子能量后产生的电效应。光电效应分为外光电效应、内光电效应两大类。

1. 外光电效应

在光线作用下,能使电子逸出物体表面的现象称为外光电效应,也称为光电子发射效应。此类光电元器件主要有光电管、光电倍增管,属于真空光电元件。

2. 内光电效应

光照在物体上,使物体的电导率发生变化,或产生光生电动势的现象称为内光电效应。内光电效应分为光电导效应和光生伏特效应(光伏效应)。

(1)光电导效应

在光线作用下,电子吸收光子能量从键合状态过渡到自由状态,从而引起材料电导率的变化,如图 5-2 所示。

当光照射到光电导体上时,若这个光电导体为本征半导体材料,且光辐射能量又足够强,则光电材料价带上的电子将被激发到导带上去,使光导体的电导率变大。

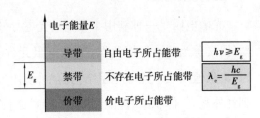

图 5-2 光电导效应原理示意图

(2)光生伏特效应

在光作用下能使物体产生一定方向电动势的现象称为光生伏特效应。基于该效应的器件有光电池和光敏二极管、三极管。

1）势垒效应（结光电效应）

光照射 PN 结时，若 $hv \geq E_g$，则价带中的电子跃迁到导带，从而产生电子空穴对，在阻挡层内电场的作用下，电子偏向 N 区外侧，空穴偏向 P 区外侧，使 P 区带正电，N 区带负电，形成光生电动势，即为势垒效应。

2）侧向光电效应

当半导体光电器件受光照不均匀时，光照部分产生电子空穴对，载流子浓度比未受光照部分的大，出现了载流子浓度梯度，引起载流子扩散，由于电子比空穴扩散得快，导致光照部分带正电，未照部分带负电，从而产生电动势，即为侧向光电效应。

二、光电传感器

光电传感器也称为光敏传感器，它是将被测量的变化转换成光信号的变化，然后再通过光电器件把光量的变化转换成相应电量的变化，从而实现对非电量的测量。由此可见，光电传感器的基本组成包括光路和电路两大部分。

光电传感器根据工作原理不同可分为光电效应传感器、红外热释电探测器、固体图像传感器和光纤传感器四大类。

光电传感器基本原理是以光电效应为基础，把被测量的变化转换成光信号的变化，然后借助光敏元件进一步将光信号转换成电信号。光电传感器通常由光源、光学系统、光电探测器和传感器电路 4 部分组成。发光二极管和光敏电阻、光敏晶体管、硅光电池作为方便廉价的光源和探测器常用于各种光电检测系统中。传感器电路的任务有 3 个方面：一是产生发光二极管的激励电信号；二是实现光电信号转换与处理；三是信号输出。

三、光敏电阻

光敏电阻是一种利用半导体的光电导效应制成的电阻值随入射光的强弱而改变的电阻器件，又称为光电导探测器，为纯电阻元件。当入射光增强时，电阻值减小；当入射光减弱时，电阻值增大。光敏电阻结构简单，使用方便，灵敏度高，光谱响应的范围可以从紫外光区到红外光区，体积小、性能稳定、使用寿命长，价格较低，所以被广泛应用在自动化及检测技术中。

1. 光敏电阻的制作材料

制作光敏电阻的半导体材料有硅、锗、硫化镉、硫化铅、锑化铟、硒化镉等，对于不具备光电特性的纯半导体可以加入适量杂质使之产生光电效应特性。用来产生光电效应的物质由金属的硫化物、硒化物、碲化物等组成，如硫化镉、硫化铅、硫化铊、硫化铋、硒化镉、硒化铅、碲化铅等。

2. 光敏电阻的结构和工作原理

光敏电阻几乎都是用半导体材料制成的。光敏电阻的结构较简单,如图 5-3 所示。在玻璃底板上均匀地涂上薄薄的一层半导体物质,半导体的两端装上金属电极,使电极与半导体层可靠接触,然后,将它们压入带有透明窗的管壳里,就构成了光敏电阻。

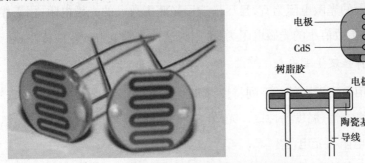

图 5-3　光敏电阻外形和结构图

光敏电阻的工作原理是内光电效应,为了增加灵敏度,两电极常做成梳状。半导体的导电能力完全取决于半导体内载流子数目的多少。当光敏电阻受到光照时,若光子能量大于该半导体材料的禁带宽度,则价带中的电子吸收一个光子能量后跃迁到导带,就产生一个电子—空穴对,使电阻率变小。

光敏电阻没有极性,纯粹是一个电阻器件,使用时既可加直流电压,也可以加交流电压。

3. 光敏电阻的分类

根据光敏电阻的光谱特性,可将其分为以下 3 种光敏电阻器:

①紫外光敏电阻器:对紫外线较灵敏,包括硫化镉、硒化镉光敏电阻器等,用于探测紫外线。

②红外光敏电阻器:主要有硫化铅、碲化铅、硒化铅、锑化铟等光敏电阻器,广泛用于导弹制导、天文探测、非接触测量、人体病变探测、红外光谱、红外通信等国防、科学研究和工农业生产中。

③可见光光敏电阻器:主要有硫化镉、硒化镉、碲化镉、砷化镓、硅、锗、硫化锌光敏电阻器等,主要用于各种光电控制系统,如光电自动开关门,航标灯、路灯和其他照明系统的自动亮灭,自动给水和自动停水装置,机械上的自动保护装置和"位置检测器",极薄零件的厚度检测器,电子玩具,光控音乐 IC,室内光线控制,照相机自动测光,电子验钞机,光电计数器,烟雾报警器,光电跟踪系统等方面。

4. 光敏电阻使用注意事项

光敏电阻在使用中应注意以下几个问题:

①用于测光的光源光谱特性必须与光敏电阻的光电特性匹配。

②要防止光敏电阻受杂散光影响。

③要防止光敏电阻的电参数(电压、功耗)超过允许值。

④根据不同用途,选用不同特性的光敏电阻。一般来说,用于数字信息传输时,选用亮电阻与暗电阻差别大的光敏电阻为宜,且尽量选用光照指数大的光敏电阻;用于模拟信息传输时,则以选用光照指数值小的光敏电阻为好,因为这种光敏电阻的线性特性好。

5. 光敏电阻的特性及主要参数

光敏电阻的应用取决于它的一系列特性,如暗电流、光电流、光敏电阻的伏安特性、光照特性、光谱特性、频率特性、温度特性以及光敏电阻的灵敏度、时间常数和最佳工作电压等。

(1)暗电阻、亮电阻与光电流

光敏电阻在室温条件下,全暗(无光照射)后,经过一段时间测得的电阻值称为暗电阻,一般是兆欧数量级。此时在给定电压下流过的电流称为暗电流。光敏电阻在某一光照强度下的阻值称为该光照下的亮电阻,一般为几千欧姆。此时流过的电流称为亮电流。光电流是亮电流与暗电流之差。

感光面积大的光敏电阻可以获得较大的亮暗电阻差,如国产 625-A 型硫化镉光敏电阻,其光照亮电阻小于 50 kΩ,暗电阻大于 50 MΩ。光敏电阻的暗电阻越大而亮电阻越小,则性能越好,即暗电流越小,光电流越大,这样的光敏电阻的灵敏度越高。实用的光敏电阻的暗电阻往往超过 1 MΩ,甚至高达 100 MΩ,而亮电阻则在几千欧姆以下,暗电阻与亮电阻之比在 10^2 和 10^6 之间。

(2)光照特性

光照特性是指在一定外加电压下,光敏电阻的光电流和光照强度之间的关系。绝大多数光敏电阻光照特性曲线是非线性的。如图 5-4 所示为 CdS 光敏电阻的光照特性曲线,因此光敏电阻通常在自动控制系统中用作光电开关,而不宜用作定量检测元件。

(3)光谱特性

光敏电阻对入射光的光谱具有选择性,即对于不同波长的入射光,光敏电阻的灵敏度是不同的。光谱特性是指光敏电阻在不同波长的单色光照射下的灵敏度与入射波长的关系。光谱特性与光敏电阻的材料有关。如图 5-5 所示为 3 种光敏电阻的光谱特性曲线,其中硫化铅光敏电阻在较宽的光谱范围内均有较高的灵敏度,峰值在红外区域;硫化镉、硫化铊的峰值在可见光区域。在选用光敏电阻时,应把光敏电阻的材料和光源的种类结合起来考虑,才能获得满意的效果。

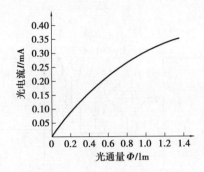

图 5-4 CdS 光敏电阻的光照特性曲线

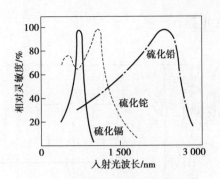

图 5-5 3 种光敏电阻的光谱特性曲线

（4）伏安特性

在一定照度下,加在光敏电阻两端的电压与电流之间的关系称为伏安特性,如图 5-6 所示。由图 5-6 可知,在给定偏压下,光照度越大,光电流也越大。在一定的光照度下,所加的电压越大,光电流越大,而且无饱和现象。但是电压不能无限地增大,因为任何光敏电阻都受额定功率、最高工作电压和额定电流的限制。超过最高工作电压和最大额定电流,可能导致光敏电阻永久性损坏。

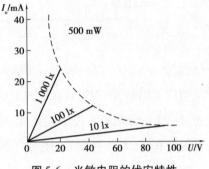

图 5-6 光敏电阻的伏安特性

（5）响应时间和频率特性

当光敏电阻受到光照时,光电流要经过一段时间才能达到稳定,而在停止光照后,光电流也不立刻为零,这就是光敏电阻的时延特性。时延特性通常用时间常数来描述。

时间常数就是光敏电阻自停止光照起到电流下降为原来的 63% 所需要的时间。不同材料的光敏电阻,其时延特性不同,频率特性也不同;时间常数越小,响应越迅速。

6. 光敏电阻节能应用检测

根据现代环保和节能减排的要求,利用光电传感器研发出了种类繁多的节能电子产品。节能照明灯是典型应用的一个大类,下面介绍几种节能照明电子产品。

（1）室内电灯自动开关电路

如图 5-7 所示是室内电灯自动开关电路,包含光敏电阻 R_L,实现"光控禁止触发"功能。IC1 是四模拟开关芯片,其中,SE1、SE2、SE3 用于延时,经 R_4 驱动光电耦合器双向晶闸管 IC2;由 IC2 驱动外加大功率双向晶闸管 VS,VS 直接控制门厅的照明灯。SE4 同外接光敏电阻 R_L、电阻 R_2 构成环境光线检测电路。KR 为"动断型干簧管",R_1、R_3、C_1 组成充、放电回路。K 型干簧管及全部电路均安装在门框上,房门对应位置固定一个条形永久磁铁,构成磁控式开关电路。

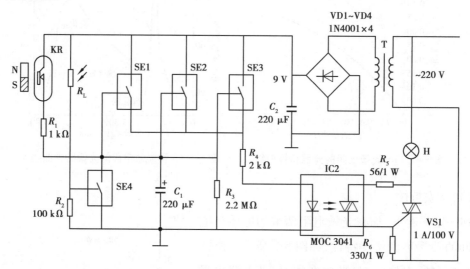

图 5-7 室内电灯自动开关电路

当门关闭时,由于安装在门框上的 K 型干簧管受门上磁铁的磁力作用,其触点处于断开状态,使 SE1、SE2、SE3 控制端经 R_3 接电源负端,所以 SE1、SE2、SE3 处于断开状态,光耦双向晶闸管和 VS 均不被触发,照明灯不亮,电路处于静止状态。

夜晚打开房门,磁铁就会与 K 型干簧管分离,K 型干簧管因失去控制而恢复动断状态,此时 +9 V 电源经 R_1 向 C_1 充电,R 阻值较小,快速使 C_1 两端电压升至 9 V,SE1、SE2、SE3 控制端变为高电位而闭合,+9 V 则通过 SE1、SE2、SE3 和 R_4 加至 IC2 的"1"端,内部的发光管触发光耦双向晶闸管导通,VS 随之被触发,照明灯亮,实现开门自动开灯功能。

房门关闭后,门上磁铁恢复对 K 型干簧管的控制作用,触点受磁力作用而断开,+9 V 电源停止对 C_1 充电,电路进入延时状态,C_1 开始经 R_3 电阻放电,经过一定的延时后,C_1 两端电压逐渐降低到 SE1、SE2 、SE3 开启电压(约为 1.5 V)以下,SE1、SE2 、SE3 恢复断开状态,导致光耦双向晶闸管截止,VS 也随之截止,照明灯熄灭,电路完成延时自动关灯的功能。当再次开门时,电路将重复上述自动开灯过程。

光敏电阻 R_L 与 R_2 和 SE4 一起构成了光控电路。当光线较亮时,R_L 受光线照射,阻值较小,使 SE4 的控制端为高电位,SE4 因此闭合,SE1、SE2 、SE3 控制端为低电位,无法闭合,输出电路的可控硅也无法被触发,照明灯不会被开启,实现光控禁止触发功能,夜晚时环境光线较暗,R_L 阻值较大(约 1 MΩ 以上),则"光控禁止触发"功能被自动解除,电路可通过开关门控制室内电灯。

（2）光敏电阻调光电路

如图5-8所示是一种典型的光控调光电路，其工作原理是：当周围光线变弱时引起光敏电阻 R_G 的阻值增加，使加在电容 C 上的分压上升，进而使可控硅的导通角增大，达到增大照明灯两端电压的目的。反之，若周围的光线变亮，则 R_G 的阻值下降，导致可控硅的导通角变小，照明灯两端电压也同时下降，使灯光变暗，从而实现对灯光照度的控制。

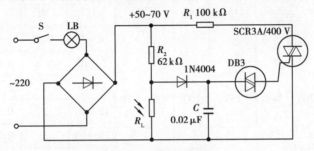

图5-8 光控调光电路

（3）光敏电阻式光控开关

以光敏电阻为核心元件的带继电器控制输出的光控开关电路有许多形式，如自锁亮激发、暗激发及精密亮激发、暗激发等，图5-9是一种简单的暗激发继电器开关电路。

其工作原理是：当照度下降到设置值时，由于光敏电阻阻值上升激发 VT1 导通，VT2 的激励电流使继电器工作，常开触点闭合，常闭触点断开，实现对外电路的控制。

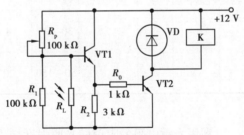

图5-9 暗激发继电器开关电路

任务实施

光控灯实验

一、实验原理

光敏电阻（Light Dependent Resistor）是用硫化镉或硒化镉等半导体材料制成的特殊电阻，其工作原理是内光电效应。入射光强，电阻减小；入射光弱，电阻增大。随着光照强度的升高，电阻值迅速降低，亮电阻值可小至 1 kΩ 以下。光敏电阻对光线十分敏感，其在无光照时，呈高阻状态，暗电阻一般可达 1.5 MΩ。其电阻参数如表5-1所示。光敏电阻器一般用于光的测量、光的控制和光电转换(将光的变化转换为电的变化),广泛应用于各种光控电路,如对灯光的控制、调节等场合,也可用于光控开关。

表 5-1　光敏电阻参数

型号	光谱响应范围 /nm	峰值波长 /nm	最高工作电压 /V	容许功耗 /mW	环境温度 /(℃)	亮电阻(10 lx) /kΩ	暗电阻(0 lx) /MΩ	γ_{10}^{100}	响应时间 /ms 上升	响应时间 /ms 下降
MG5506						4 ~ 7	0.2	0.6		
MG5516						5 ~ 10	0.2	0.6		
MG5528	400 ~ 760	540	150	100	−30 ~ +70	8 ~ 20	1	0.7	20	30
MG5537						18 ~ 50	2	0.7		
MG5539						30 ~ 90	5	0.8		
MG5549						45 ~ 140	10	0.8		
MG5616 5516-2						5 ~ 10	0.5	0.6		
MG5628 5528-2						8 ~ 20	2	0.6		
MG5637 5537-2	400 ~ 760	560	150	100	−30 ~ +70	18 ~ 50	5	0.7	20	30
MG5639 5539-2						30 ~ 90	8	0.8		
MG5649 5549-2						50 ~ 150	20	0.8		

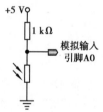

图 5-10　串联分压电路

利用光敏电阻的阻值随光照强度变化的特性,在电路中,要串联一个电阻,如图 5-10 所示,方能读取变化的数据。串联电阻的阻值根据设计确定。串联电阻的目的是分压,当光敏电阻阻值变化时,模拟输入引脚数的电压会随之发生变化。如:光照强度增强时,光敏电阻阻值减小,整个电路的总电阻减小,根据欧姆定律,电路的电流增大,因而串联电阻的分压值增大,模拟引脚输入点的电压值减小,导致程序中模拟输入的返回值减小。若将光敏电阻和分压电阻互换位置,则结果正好相反,即随着光照强度的增强,程序中模拟输入的返回值增大。

光控灯功能:用光控开关来代替传统开关,只有在光线不足时灯才会亮起。光线变化会影响光敏电阻阻值改变,从而导致 A0 接口采集到的电压变化,Arduino 通过采集到的电压数字量进行判断是白天还是黑夜,当黑夜时,控制 LED 口输出高电平点亮 LED 灯;当白天时,LED 口输出低电平,LED 灯不亮。

二、硬件设计

1. 实验材料

实验材料清单如表 5-2 所示。

表 5-2　实验材料清单

元器件及材料	说　　明	数　　量
Arduino UNO	或兼容板	1
光敏电阻		1
电阻	10 kΩ、220 Ω	各 1 个
面包板		1
跳线		1 扎

2. 硬件连接

引脚功能连接分配情况如表 5-3 所示，其电路连线图如图 5-11 所示。

表 5-3　引脚功能连接分配情况表

Arduino	功　　能
5 V	电源正极
GND	电源负极
A0	模拟接口（输入）

图 5-11　光控灯电路连线图

三、软件设计

(1)软件参考程序

```
int photoresistancePin =A0;    //定义 photoresistancePin=A0 为电压读取口
int ledPin=10;                 //设置 LED 引脚
int val=0;
void setup()
{
  pinMode(ledPin,OUTPUT);
  Serial.begin(9600);          //初始化串口,一般设置通信波特率为 9 600 b/s
}
void loop(){
  val= analogRead(photoresistancePin);   //读取引脚 A0 处的电压值,并把值
                                          赋给 val
  Serial.println(val);         //在串口监视器中输出 val 的值
  delay(1000);
  if(val>500)      //如果电压映射的值大于 500 就把 10 号引脚设为高平电压
  {
    digitalWrite(ledPin,HIGH);
    Serial.println("开灯");    //将 10 号引脚位置的状态输出给串口监视窗
  }else
  {
    digitalWrite(ledPin,LOW);
    Serial.println("关灯");
  }
}
```

(2)程序分析

Arduino A0 引脚是 ADC 引脚(模拟输入引脚),Arduino 有 6 个模拟输入引脚 A0～A5,输入引脚的参考电压为 0～5 V,库函数为 analogRead( ),读取返回值,范围为 0～1 023,呈线性关系,输入 0 V 时返回值为数字 0,输入 5 V 时,返回值为 1 023。比如当电源电压为 5 V 时,ADC 接口读取的数据为 818,则说明对应电压为 5 V×818/1 023＝4 V,利用该值控制 LED 灯的亮灭。

可以通过实际测试改变判断条件,实现比较好的开关灯效果。

拓展任务

科学精神的培养——亮度感应灯

(1)亮度感应灯功能

随着光照强度变小,LED 越亮

(2)参考程序

```
int photoresistancePin = A0;      //定义 photoresistancePin=A0 为电压读取口
int ledpin=10;                    //定义 LED 接口为 10,输出 PWM 调节 LED 亮度
int val=0;                        //定义变量 val
void setup()
{
pinMode(ledpin,OUTPUT);           //定义数字接口 10 为输出
Serial.begin(9600);               //设置波特率为 9 600 b/s
}
void loop()
{
val=analogRead(photoresistancePin);    //读取传感器的模拟值并赋值给 val
Serial.println(val);              //显示 val 变量数值
analogWrite(ledpin,val/4);        //打开 LED 并设置亮度(PWM 输出最大值 255)
delay(1000);                      //延时 1 s
}
```

这里我们将传感器返回值除以 4,原因是模拟输入 analogRead( )函数的返回值范围是 0~1 023,而模拟输出 analogWrite( )函数的输出值范围是 0~255。下载完程序再试着改变光敏电阻所在环境的光强度,就可以看到小灯有相应的变化了。在日常生活中光敏电阻的应用是很广泛的,用法也是很多,大家可以根据这个实验举一反三,做出更好的互动作品。

任务评价

表1 学生工作页

项目名称：		专业班级：	
组别：	姓名：	学号：	
计划学时		实际学时	
项目描述			
工作内容			
项目实施	1.获取理论知识		
	2.系统设计及电路图绘制		
	3.系统制作及调试		
	4.教师指导要点记录		
学习心得			
评价	考评成绩		
	教师签字	年 月 日	

表 2 项目考核表

项目名称：			专业班级：		
组别：		姓名：		学号：	
考核内容	考核标准		标准分值/分	得分/分	
学生自评	根据自己在项目实施过程中工作任务的轻重和多少、角色的重要性以及学习态度、工作态度、团队协作能力等表现,给出自评成绩		10		
学生互评	根据同学在项目实施中工作任务的轻重和多少、角色的重要性以及学习态度、工作态度、团队协作能力等表现,给出互评成绩		10		评价人
项目成果评价	总体设计	任务是否明确; 方案设计是否合理,是否有新意; 软件和硬件功能划分是否合理	20		
	硬件设计	传感器选型是否合理; 电路搭建是否正确合理	20		
	程序设计	程序流程图是否满足任务需求; 程序设计是否符合程序流程图设计	20		
	系统调试	各部件之间的连接是否正确; 程序能否控制硬件正常工作	10		
	学生工作页	是否认真填写	5		
	答辩情况	任务表述是否清晰	5		
教师评价					
项目成绩					
考评教师			考评日期		

任务二 红外传感器

微课视频

知识准备

一、红外辐射

在自然界中,一切温度高于绝对零度(-273 ℃)的物体都在不停地向周围空间发射红外辐射。物体的红外辐射能量大小及其波长分布,与它的表面温度有着十分密切的关系。例如,人体温度约为 37 ℃,红外辐射波长为 9 ~ 10 μm(远红外区);400 ~ 700 ℃的物体红外辐射波长为 3 ~ 5 μm(中红外区)。物体的红外辐射俗称红外线,属于不可见光谱。因此,通过将对物体发射的红外线辐射能转变成电信号,便能准确地对其表面温度进行测量。

红外辐射波长较可见光中的红光波长,其波长范围为 0.73 ~ 1 000 μm。相对应的频率大致为 (4×10^{14}) ~ (3×10^{11}) Hz。一般将红外辐射分成 4 个区域,即近红外区(0.73 ~ 1.5 μm)、中红外区(1.5 ~ 10 μm)、远红外区(10 ~ 300 μm)以及远红外区(300 μm 以上),这里的远近是指红外辐射在电磁波谱中与可见光的距离。

辐射的物理本质是热辐射。物体的温度越高,辐射出的红外线越多,红外辐射的能量也就越强。温度较低时,辐射的是不可见的红外光,随着温度升高,短波长的光开始丰富起来。温度上升到 500 ℃时,开始辐射暗红色的光。500 ~ 1 500 ℃,辐射光颜色逐渐从红色→橙色→黄色→蓝色→白色,即 1 500 ℃时的红外辐射中已经包含了从几十微米至 0.4 μm 甚至更短波长的连续光谱。若温度再继续升高,达到 5 500 ℃时,辐射光谱的上限便超过蓝光、紫光,进入紫外线区域。而研究表明,太阳光谱各种单色光的热效应从紫色到红色是逐渐增大的,且最大热效应出现在红外辐射的频率范围内,因此红外辐射又称为热辐射。红外辐射和所有电磁波一样,是以波的形式在空间中直线传播的。它在真空中的传播速度与光在真空中的传播速度相同,为 3×10^8 m/s。

红外辐射在大气中传播时,由于大气中的气体分子、水蒸气以及固体微粒、尘埃等物质的散射、吸收作用逐渐衰减,仅在 2 ~ 2.6 μm、3 ~ 5 μm、8 ~ 14 μm 3 个波段能较好地穿透大气层。因此这 3 个波段称为"大气窗口",一般红外传感器都工作在这 3 个波段。

二、红外辐射技术的应用

红外辐射的主要应用有红外探测器、红外测温仪、红外成像技术、红外无损检测,以及军事上的红外侦察、红外雷达等。在工业上最主要的应用就是红外探测器、红外测温仪和红外热像仪。

1. 红外探测器

红外探测器是能将红外辐射转换成电信号的装置,是对红外辐射的主要应用之一,红外技术发展的先导是红外探测器的发展。

红外探测器按照其工作原理可分为红外热敏探测器和红外光电探测器两大类。

1)红外热敏探测器

红外热敏探测器是利用红外辐射的热效应制成的,探测器的敏感元件为热敏元件,它吸收辐射后引起温度升高,进而使有关物理参数发生变化,通过测量物理参数的变化,便可确定探测器所吸收的红外辐射。

红外热敏探测器主要有热释电型、热敏电阻型、热电阻型以及气体型 4 种。其中热释电型探测器应用最广泛,它是根据热释电效应制成的,一些晶体受热时,在晶体表面产生电荷的现象称为热释电效应。

2)红外光电探测器

红外光电探测器又称光子探测器,其利用了光子效应。光子效应是指入射红外辐射的光子流与探测器材料中的电子相互作用,改变电子的能量状态,引起各种电学现象。常用的光子效应有光电效应、光电磁效应、光导效应。通过测量材料电子性质的变化,可以得到红外辐射的强弱。常用的红外光敏元件有硫化铅(PbS)和锑化锌(ZnSb)两种。

PbS 红外光敏元件对近红外光到 3 μm 红外光有较高灵敏度,可在室温下工作。当红外光照射在元件上时,因光导效应,其阻值发生变化,从而引起元件两电极间的电压发生变化。

ZnSb 红外光敏元件是将杂质 Zn 等用扩散法渗入 N 型半导体中,形成 P 层,构成 PN 结,再引出引出线制成。当红外光照射在 ZnSb 红外光敏元件的 PN 结上时,因光生伏特效应,在 ZnSb 红外光敏元件两端产生电动势,该电动势的大小与光照强度成比例。ZnSb 红外光敏元件灵敏度高于 PbS 红外光敏元件,可在室温以及低温下工作。

红外热敏探测器与红外光电探测器对比,在测量时有以下几点区别:

①红外热敏探测器对各种波长都能响应,红外光电探测器只对一段波长区间有响应;

②红外热敏探测器不需要冷却,红外光电探测器需要冷却;

③红外热敏探测器响应时间长;

④红外光电探测器容易实现规格化。

2. 红外测温仪

温度在绝对零度以上的物体,都会因自身的分子运动而辐射出红外线。通过红外探测器将物体辐射的功率信号转换成电信号后,成像装置的输出信号就可以完全一一对应地模拟扫描物体表面温度的空间分布,经电子系统处理,传至显示屏上,得到与物体表面热分布相应的热像图。运用该方法,便能对目标进行远距离热状态图像成像和测温。

3. 红外热像仪

红外热像仪是利用红外探测器、光学成像物镜和光机扫描系统(先进的焦平面技术则省去了光机扫描系统)接收被测目标的红外辐射能量分布图形反映到红外探测器的光敏元件上,在光学系统和红外探测器之间,有一个光机扫描机构(焦平面热像仪无此机构)对被测物体的红外热像进行扫描,并聚焦在单元或分光探测器上,由探测器将红外辐射能转换成电信号,经信号放大处理、转换成标准视频信号通过电视屏或监测器显示红外热像图这种热像图与物体表面的热分布场相对应。

任务实施

循迹模块实验

一、实验原理

反射式光电开关是一种小型光电元器件,它可以检测出其接收到的光强的变化。它由一个光电发射管和一个光电接收管组合而成,当发射管的光信号经反射被接收管接收后,接收管的电阻会发生变化,在电路上一般以电压的变化形式体现出来,而经过 ADC 转换或 LM324 等电路整形后得到处理后的输出结果,电阻的变化取决于接收管所接收的光电信号强度,常与反射面的颜色和反射面与接收管的距离两个因素有关。所以利用物体对光束遮光或反射,可以检测物体的有无或者与物体表面的距离,其物体不限于金属,所有能反射光线的物体均可检测。

本实验用到 TCRT5000 红外模块,其发射二极管不断发射红外线,当发射出的红外线没有被反射回来或被反射回来但强度不够大时,红外三极管一直处于关断状态,此时模块的输出端为低电平,指示 LED 处于熄灭状态。当被检测物体出现在检测范围内时,红外线被反射回来且强度足够大,红外三极管饱和,此时模块的输出端为高电平,指示 LED 被点亮。TCRT5000 探头实物图如图 5-12 所示,TCRT5000 寻迹传感器模块实物图如图 5-13 所示。

图 5-12　TCRT5000 探头实物图

图 5-13　TCRT5000 寻迹传感器模块

循迹模块特性：

①采用 TCRT5000 红外反射传感器；

②检测反射距离：1~25 mm 适用；

③比较器输出，信号干净，波形好，驱动能力强，超过 15 mA；

④配多圈可调精密电位器调节灵敏度；

⑤工作电压：3.3~5 V；

⑥输出形式：数字开关量输出(0 和 1)；

⑦设有固定螺栓孔，方便安装；

⑧小板 PCB 尺寸：3.2 cm×1.4 cm；

⑨使用宽电压 LM393 比较器。

循迹模块功能：该传感器模块对环境光线适应能力强，具有一对红外线发射与接收管，发射管发射出一定频率的红外线，当检测方向遇到障碍物(反射面)时，红外线反射回来被接收管接收，经过比较器电路处理之后，绿色指示灯会亮起，同时信号输出接口输出数字信号(一个低电平信号)，可通过电位器旋钮调节检测距离，有效距离 2~30 cm，工作电压 3.3~5 V。该传感器的探测距离可以通过电位器调节，具有干扰小、便于装配、使用方便等特点，可以广泛应用于电度表脉冲数据采样、传真机碎纸机纸张检测、流水线计数、机器人避障及黑白线循迹等众多场合。

二、硬件设计

1. 实验材料

实验材料清单如表 5-4 所示。

表 5-4　实验材料清单

元器件及材料	说　明	数　量
Arduino UNO	或兼容板	1
红外循迹模块		1
面包板		1
跳线		1 扎

2.硬件连接

引脚功能连接分配情况如表 5-5 所示,电路布局图如图 5-14 所示。

表 5-5　引脚功能连接分配情况表

Arduino	功　能	TCRT5000	功　能
5 V	电源正极	VCC	接电源正极(3~5 V)
GND	电源负极	GND	接地引脚
A0	模拟接口(输入)	A0	模拟信号输出(不同距离输出不同的电压)
		D0	TTL 数字量 0 和 1(0.1 和 5 V)

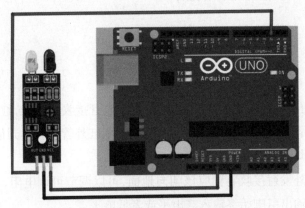

图 5-14　循迹模块面包板布局图

三、软件设计

1.软件参考程序

```
int ledPin = 13;                    //定义数字接口 D13 接 LED
int irSensorPin = 2;                //定义红外循迹接口 D2
int val;                            //定义变量

void setup(){
  pinMode(irSensorPin, INPUT);      //红外循迹接口为输入模式
  pinMode(ledPin, OUTPUT);          //设定数字接口 13 为输出接口
  Serial.begin(9600);               //设置串口波特率为 9 600 b/s
}
```

```
void loop(){
  val = digitalRead(irSensorPin);    //读取红外循迹接口的值
  Serial.println(val);               //打印输出接口的值
  if (val == 1)                      //如果检测的值为高电平,则点亮 LED
  {
    digitalWrite(ledPin, LOW);
  }
  else                               //如果为低电平,则熄灭 LED
  {
    digitalWrite(ledPin, HIGH);
  }
}
```

2. 程序分析

当红外光遇到白色地面时发生漫反射,红外管接收管接收反射光,红外循迹传感器输出高电平,LED 灯点亮;如果遇到黑线则红外光被吸收,则红外管接收不到信号,红外循迹传感器输出低电平,LED 灯熄灭。

实际应用时,红外发射接收装置应该朝向地面,可以调节可调电阻,找到最佳的检测距离,否则循迹模块的输出引脚始终输入高电平或者低电平。

任务评价

表1 学生工作页

项目名称：			专业班级：	
组别：		姓名：	学号：	
计划学时			实际学时	
项目描述				
工作内容				
项目实施		1. 获取理论知识		
		2. 系统设计及电路图绘制		
		3. 系统制作及调试		
		4. 教师指导要点记录		
学习心得				
评价		考评成绩		
		教师签字	年 月 日	

表 2　项目考核表

项目名称：			专业班级：		
组别：		姓名：		学号：	
考核内容		考核标准	标准分值/分	得分/分	
学生自评		根据自己在项目实施过程中工作任务的轻重和多少、角色的重要性以及学习态度、工作态度、团队协作能力等表现,给出自评成绩	10		
学生互评		根据同学在项目实施中工作任务的轻重和多少、角色的重要性以及学习态度、工作态度、团队协作能力等表现,给出互评成绩	10		评价人
项目成果评价	总体设计	任务是否明确; 方案设计是否合理,是否有新意; 软件和硬件功能划分是否合理	20		
	硬件设计	传感器选型是否合理; 电路搭建是否正确合理	20		
	程序设计	程序流程图是否满足任务需求; 程序设计是否符合程序流程图设计	20		
	系统调试	各部件之间的连接是否正确; 程序能否控制硬件正常工作	10		
	学生工作页	是否认真填写	5		
	答辩情况	任务表述是否清晰	5		
教师评价					
项目成绩					
考评教师			考评日期		

· 168 ·

任务三　热释电传感器

红外线与所有电磁波一样,具有反射、折射、干涉、吸收等性质,其最大特点就是具有光、热、电效应。人体的温度为 36 ~ 37 ℃,所放射的红外线波长为 9 ~ 10 μm(属于远红外线区);400 ~ 700 ℃的物体,其放射出的红外线波长为 3 ~ 5 μm(属于中红外线区)。红外线传感器可以检测到这些物体发出的红外线,用于测量、成像或控制。

早在 1938 年,就有人提出利用热释电效应探测红外辐射。随着激光、红外技术、电子技术、计算机技术的迅速发展,红外测控技术在工业控制与测量、家用电器、安全保卫以及人们日常生活中得到广泛应用,在军事上有红外夜视成像仪、红外搜索跟踪系统、红外警戒系统等,医学上有红外人体成像、红外诊断、红外测温和辅助治疗等,如图 5-15 所示。

图 5-15　各种红外成像测控仪器

一、红外热释电现象

红外线是一种电磁波,红外辐射本质上是一种热辐射。任何物体只要温度高于绝对零度(-273 ℃),就会向周围空间以红外线形式辐射能量。物体的温度越高,辐射出来的红外线就越多,辐射的能量也越大。同时,红外线被物体吸收后可以转化成热量。

一些晶体受热时两端会产生数量相等、极性相反的电荷,这种由热变化产生的电极化现象称为热释电效应。这种能产生热电效应的晶体称为热释电晶体,又称为热释电元件。

通常,晶体自发极化所产生的电荷被富集在晶体外表面的空气中的自由电子所中和,显中性。当温度变化时,晶体中的极化迅速减弱,而富集的空气中的自由电子变化缓慢,在晶体表面会产生剩余电荷,其电荷量与温度变化有关,如图 5-16 所示。

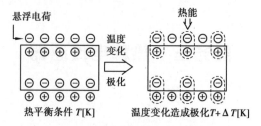

图 5-16　热释电效应的形成原理

如果在热电元件两端并联上电阻就会有电流流过,电阻两端将产生电压信号,从而将物体的红外热辐射转化为电信号。红外热释电传感器即是根据此原理制成的。

二、红外热释电传感器

1. 红外热释电传感器结构及原理

红外热释电传感器是一种能检测动物或人体发射的红外线并输出电信号的传感器,配以红外热释电处理电路和少量外接元器件可构成被动式的红外热释电开关,用于构成防入侵报警器和各种自动化节能装置,如图 5-17 所示。例如,房间无人时会自动停机的空调机、饮水机、电视机,能自动快速开启各类照明系统、自动门和自动洗手机等装置,特别适合用于企业、宾馆、商场、库房及家庭的过道等敏感区域或用于安全区域的自动灯光、照明和报警系统等。

菲涅尔透镜

图 5-17　红外热释电传感器

红外热释电传感器的敏感元件是能产生热释电效应的热释电体或热释电元件,热释电敏感元件常用的材料有单晶钽酸锂($LiTaO_3$)、锆钛酸铅系陶瓷(PZT)、硫酸三甘钛(TCS)及高分子薄膜(PVFZ)等,可将其制成尺寸为 2 mm×1 mm 的探测元件。

在每个红外热释电传感器内装入两个探测元件,将两个探测元件以反极性串联,以抑制由于自身温度升高而产生的干扰,同时在串联的热释电元件两端并联一个电阻;环境背景辐射对两个热释电元件几乎具有相同的作用,使其产生释电效应相互抵消,于是探测器无信号输出。当探测器接收到非平衡的红外辐射时,电阻上就有电流流过并将其转变成微弱的电压信号,由装在探头内的场效应管放大后向外输出,如图 5-18 所示。

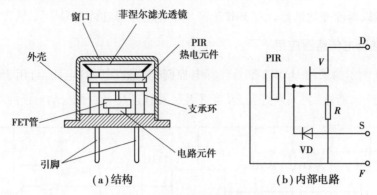

图 5-18　红外热释电传感器内部结构

2.菲涅尔透镜

为了提高红外热释电传感器的探测灵敏度并增大探测距离,一般在传感器的前方装设一个多分区组合式菲涅尔透镜(Fresnel Lens),整个半球形的透镜由多个小的菲涅尔透镜构成并将半球形分成若干等分区,形成具有特殊光学系统的透镜,它和放大电路相配合,可将信号放大 70 dB 以上,可以探测出 10 ~ 20 m 范围内人的行动。

菲涅尔透镜是由法国物理学家奥古斯汀·让·菲涅尔(Augustin-Jean Fresnel)在 1822 年发明的。其现代生产工艺是采用聚烯烃材料注压而成薄片,镜片表面一面为光面,另一面刻录了由小到大的同心圆,它的纹理是利用光的干涉及折射,根据相对灵敏度和接收角度要求来设计的,其厚度一般在 1 mm 左右,如图 5-19 所示。菲涅尔透镜在很多时候相当于红外线及可见光的凸透镜,效果较好,但成本比普通的凸透镜低很多。

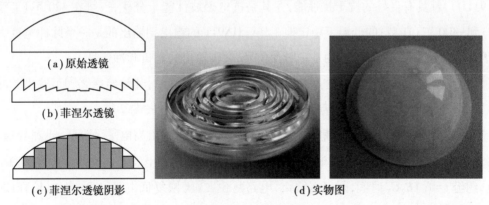

图 5-19　菲涅尔透镜

由于红外热释电传感器本身不发出长测光线,只是被动地接收外界物体辐射的红外线,因此被称为被动式红外传感器。被动式红外传感器有 3 个关键性元件:菲涅尔滤光透镜、红外热释电传感器(PIR)和匹配低噪放大器。菲涅尔透镜有两个作用:一是聚焦作用,即将热释红外信号汇聚在 PIR 上;二是将探测区分为若干个明区和暗区,使进入探测区的移动物体(人或动物)能以温度变化的形式在 PIR 上产生变化的热释红外信号。

三、红外热释电传感器应用

如图 5-20 所示为采用 HN911 红外热释电控制模块的照明灯电路,可用于卫生间、储藏室、楼梯走廊等处,能做到"人来灯亮,人走灯灭",并且还具有白天自动封锁的功能。

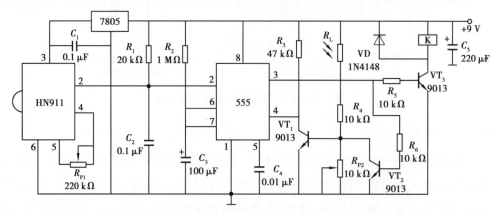

图 5-20 HN911 红外热释电控制模块的照明灯电路

HN911 为红外热释电传感控制系列模块,它将高灵敏度的红外热释电传感器、放大器、信号处理器及输出电路组装在一起制成模块式集成电路,具有从信号接收到控制输出的全部功能;在其输出端接上晶体管放大电路或单稳态电路可以驱动继电器,接上光耦合电路可以驱动双向晶闸管。

HN911 系列模块共有 3 种型号,即通用型(HN911T)、微功耗型(HN911L)和低温型(HN911D),都具有良好的抗干扰性能,尤其是抗电磁波性能十分优良;可在-20 ℃(T 型和L 型)到-300 ℃(D 型)的低温下稳定地工作。HN911 的输出端输出的是一个脉冲宽度大于2 s 的脉冲信号,其中①脚输出的是正脉冲信号,②脚输出的是负脉冲信号。

平时②脚输出高电平,当它探测到人体发出的红外光线时,其输出端②脚可输出脉冲宽度大于 2 s 的负脉冲信号,并直接加至 555 时基集成电路的触发端②脚。

NE555 接成典型的单稳态触发器,电路翻转置位,③脚输出高电平,使 VT$_3$ 迅速导通,继电器 K 吸合,其动合触点闭合接通被控照明灯的电源,使其通电发光。此时电源经 R_2 向 C_3 充电,约经 $t=1.1R_2C_3$ 时间,暂稳态结束,电路复位,③脚恢复低电平,VT$_3$ 截止,K 释放,被控照明灯熄灭。如果有人在 HN911 的探测范围内不断活动,其②脚将不断有负脉冲输出,所以照明灯不会熄灭,直至人离开,延迟 $1.1R_2C_3$ 时间后,照明灯才熄灭。调节电位器 R_{P1},可以调整 HN911 模块的灵敏度。

光敏电阻 R_L、R_3、R_4 与 VT$_1$ 等组成光控电路。在白天,R_L 受自然光线照射呈低电阻,

VT₁ 导通,NE555 的④脚被钳位在低电平,所以 NE555 被强制复位,③脚始终保持低电平,照明灯不会被点亮。只有到了晚上,R_L 失去自然光线照射,呈高电阻,VT₁ 截止,从而解除对 NE555 的强制复位,电路才能被触发从而工作。调节 R_{P2} 可以改变电路的光控制灵敏度。VT₂ 与 R_6 组成自保电路,它可以解决晚上自身灯光对电路的干扰。晚上,当有人走进 HN911 的探测范围,NE555 翻转置位,K 吸合,由它控制的照明灯点亮。NE555 时基集成电路③脚输出的高电平,同时又经 R_6 加至 VT₂ 的基极,使 VT₂ 饱和导通,故使 VT₁ 截止,这就保证了 NE555 时基集成电路的④脚电平不会因为 R_L 受自身光线照射而跌落。如果没有自保电路,R_L 在安装时必须避开自身灯光的照射,否则电路不能正常工作。

任务实施

人体感应模块实验

一、实验原理

热释电效应同压电效应类似,是温度变化引起晶体表面荷电的现象。热释电传感器是对温度敏感的传感器。传感器包含两个互相串联或并联的热释电元,在元件两个表面做成电极(由陶瓷氧化物或压电晶体元件组成),而且制成的两个电极化方向正好相反,环境背景辐射对两个热释元件几乎具有相同的作用,使其产生释电效应相互抵消,于是探测器无信号输出。在传感器监测范围内温度有 ΔT 的变化时,热释电效应会在两个电极上会产生电荷 ΔQ,即在两电极之间产生一微弱的电压 ΔV(由于它的输出阻抗极高,在传感器中有一个场效应管进行阻抗变换)。一旦人侵入探测区域内,因人体温度与环境温度有差别,产生 ΔT,热释元件失去电荷平衡,向外释放电荷,后续电路检测到并处理后产生报警信号。若人体进入检测区后不动,热释电效应所产生的电荷 ΔQ 会被空气中的离子结合而消失,$\Delta T=0$,则传感器无输出。所以这种传感器能检测到人体或者动物的活动。

本实验用到 HC_SR051 模块,人体发射的 9.5 μm 红外线通过菲涅尔镜片增强聚集到红外感应源上,红外感应源通常采用热释电元件,这种元件在接收到人体红外辐射温度发生变化时就会失去电荷平衡,向外释放电荷,后续电路经检测处理后就能触发开关动作。人不离开感应范围,开关持续接通;人离开后或在感应区域内长时间无动作,开关将自动延时关闭负载。

图 5-21 人体感应模块实物图

人体感应模块实物图如图 5-21 所示。

人体感应模块特性：

工作电压：DC5 ~ 20 V；

电平输出：高 3.3 V，低 0 V；

延时时间：可调（0.3 ~ 18 s）；

封锁时间：0.2 s；

触发方式：L 不可重复，H 可重复，默认值为 H（跳帽选择）；

感应范围：小于 120° 锥角，7 m 以内。

模块使用说明：

①感应模块通电后有一分钟左右的初始化时间，在此期间模块会间隔地输出 0 ~ 3 次，一分钟后进入待机状态。

②应尽量避免灯光等干扰源近距离直射模块表面的透镜，以免引进干扰信号产生误动作；使用环境尽量避免流动的风，风也会对感应器造成干扰。

③感应模块采用双元探头，探头的窗口为长方形，双元（A 元 B 元）位于较长方向的两端，当人体从正面走向探头或从上到下（或从下到上）走过时，双元检测不到红外光谱距离的变化，无差值，因此感应不灵敏或不工作；所以安装感应器时应使探头双元的方向尽量与人体活动最多的方向平行，保证人体经过时先后被探头双元所感应。为了增加感应角度范围，本模块采用圆形透镜，也使得探头四面都感应，但左右两侧仍然比上下两个方向感应范围大、灵敏度强，安装时仍须尽量满足以上要求。

二、硬件设计

1. 实验材料

实验材料清单如表 5-6 所示。

表 5-6　实验材料清单

元器件及材料	说　明	数　量
Arduino UNO	或兼容板	1
人体感应模块		1
面包板		1
跳线		1 扎

2. 硬件连接

引脚功能连接分配情况如表 5-7 所示，其电路布局如图 5-22 所示。

表 5-7 引脚功能连接分配情况表

Arduino	功 能	MQ-2	功 能
5 V	电源正极	VCC	电源正极
GND	电源负极	GND	接地引脚
A0	模拟接口（输入）	OUT	数字信号输出

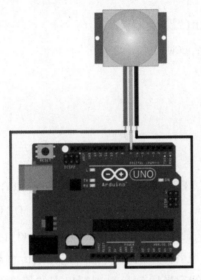

图 5-22 人体感应模块面包板布局图

三、软件设计

1. 软件参考程序

```
int irSensorPin = 7;          //连接红外传感器引脚
int ledPin=13;                //定义数字接口 13 为 LED 输出接口
bool irSensorOutput;          //红外传感器输出信号

void setup(){
  pinMode(irSensorPin, INPUT);
  pinMode(ledPin,OUTPUT);     //设定数字接口 13 为输出接口
  Serial.begin(9600);
  Serial.println("Welcome to Taichi-Maker's IR Motion Sensor tutorial.");
}
```

```
void loop(){
    irSensorOutput = digitalRead(irSensorPin);        //读取红外传感器输出
    if (irSensorOutput == HIGH){                      //如果红外传感器输出高电平
        Serial.println("有人来了");
        digitalWrite(ledPin,HIGH);
    } else {
        Serial.println("没有人");
digitalWrite(ledPin,LOW);
    }
    delay(1000);
}
```

2. 程序分析

传感器是输入(INPUT),LED 是输出(OUTPUT)。所以在初始化中设置为传感器和 LED 模式 pinMode(irSensorPin, INPUT)和 pinMode(ledPin,OUTPUT),loop 函数一开始就是读取传感器的值。读取数字传感器状态的函数是 digitalRead(pin),这个函数用来读取数字引脚状态,有两种状态 HIGH 或者 LOW。人体红外热释电传感器有人或者动物走动时,读到 HIGH,否则读到 LOW。代码的后半段就是对判断出来的值来执行相应动作。(HIGH 代表 1,LOW 代表 0)。数字传感器只会读到两个值(HIGH 和 LOW)。这里要用到新条件判断语句——if 语句。

if 语句格式如下:

if(表达式){语句;}

if(表达式){语句;}else{语句;}

表达式是指判断条件,通常为一些关系式或逻辑式,也可是直接表示某一数值。如果 if 表达式条件为真,则执行 if 中的语句。表达式条件为假,则跳出 if 语句。

格式(1)多用于一种判断中,格式(2)多用于两种判断的情况。

这里只有两种情况,传感器检测到有人就输出高,否则就输出低,所以用的是 if…else 语句。

if (irSensorOutput==HIGH) 其中"=="("双等号")是一种比较运算符,用于判断两个数值是否相等,而"="是赋值的意思,即把等号右边的值赋给左边。

常用的运算符有==(等于)、!=(不等于)、(大于)、<=(小于等于)、>=(大于等于)。当然,除了比较运算符,程序也可以用+(加)、-(减)、*(乘)、/(除)等算术运算符。

任务评价

表 1 学生工作页

项目名称:		专业班级:	
组别:	姓名:	学号:	
计划学时		实际学时	

项目描述	
工作内容	

项目实施	1. 获取理论知识	
	2. 系统设计及电路图绘制	
	3. 系统制作及调试	
	4. 教师指导要点记录	

学习心得	

评价	考评成绩	
	教师签字	年　月　日

表 2　项目考核表

项目名称:				专业班级:		
组别:		姓名:			学号:	
考核内容	考核标准			标准分值/分	得分/分	
学生自评	根据自己在项目实施过程中工作任务的轻重和多少、角色的重要性以及学习态度、工作态度、团队协作能力等表现,给出自评成绩			10		
学生互评	根据同学在项目实施中工作任务的轻重和多少、角色的重要性以及学习态度、工作态度、团队协作能力等表现,给出互评成绩			10		评价人
项目成果评价	总体设计	任务是否明确; 方案设计是否合理,是否有新意; 软件和硬件功能划分是否合理		20		
	硬件设计	传感器选型是否合理; 电路搭建是否正确合理		20		
	程序设计	程序流程图是否满足任务需求; 程序设计是否符合程序流程图设计		20		
	系统调试	各部件之间的连接是否正确; 程序能否控制硬件正常工作		10		
	学生工作页	是否认真填写		5		
	答辩情况	任务表述是否清晰		5		
教师评价						
项目成绩						
考评教师				考评日期		

📖 项目总结

本项目主要介绍各种光电传感器的检测原理、结构、基本电路、主要特性及应用。其中光敏电阻是一种基于半导体内光电效应的光电传感器。在黑暗条件下,光敏电阻内部的大部分电子处于价带,难以自由移动,导致电阻值较高。当受到合适波长的光照射时,价带电子吸收光子能量跃迁到导带,形成导电的自由电子和空穴,从而降低电阻值。光敏电阻的阻值随光强增大而减小,这一特性使其成为光信号转换为电信号的重要元件。光敏电阻常用于光控开关、光强度测量、光电自动控制系统等。在实际应用中,常将光敏电阻与固定电阻串联,形成分压电路,通过测量分压值来反映光强变化。调试时需注意光源的选择与光敏电阻的响应波段相匹配,以及电路中的电阻值设置,以确保测量精度。

红外传感器是一种利用红外辐射进行非接触式测量的传感器。它通过检测物体发出的或反射的红外辐射,将其转换为电信号进行处理。红外辐射的波长范围通常在 $0.75 \sim 1\,000$ μm 之间,属于不可见光范畴。它广泛应用于自动门控制、红外测温、红外遥控等领域。在电路设计中,需考虑红外发射器的功率、红外接收器的灵敏度及信号处理电路的抗干扰能力。调试时需注意红外发射与接收的对准,以及环境光线对红外接收的影响。

热释电传感器是一种基于热释电效应的红外传感器。当某些晶体(如钽酸锂、锆钛酸铅等)受到红外辐射时,其表面温度会发生变化,导致晶体内部自发极化电荷重新分布,从而产生电势差或电流。热释电传感器常用于人体红外感应、安防监控等领域。在电路设计中,需考虑热释电元件的选型、菲涅尔透镜的聚焦效果及信号处理电路的滤波与放大。调试时需注意环境温度对传感器性能的影响,以及传感器安装位置与角度的选择。

项目六
传感器的综合应用

📖 项目引言

随着现代计算机技术的不断发展和普及，近年来，机器人的智能水平不断提高，并且迅速地改变着人们的生活方式。

在我们的生活里，已有很多的机器人，如扫地机器人和灭火机器人（图6-1）。它们在我们的生活中非常实用，它们的特点就是无须人们的控制，能够自行完成任务。那么在完成任务的过程中就需要它们感知并躲避前方的障碍物。

扫地机器人

灭火机器人

图6-1　机器人应用

本项目中，我们将设计智能小车，使其能够自动避障、自动规划路径。

📖 项目重难点及目标

知识重点	传感器的综合应用
知识难点	传感器的综合应用
知识目标	能将几种传感器融进一个系统中，并保证系统稳定运行
技能目标	能对常用元器件进行识别并进行电路搭建； 能进行软硬件联合调试
思政目标	培养学生的创新思维和创新实践能力

任务　智能小车

知识准备

一、智能车产生的背景

　　智能化是指事物在网络、大数据、物联网和人工智能等技术的支持下,所具有的能动地满足人的各种需求的属性。智能化产品作为现代社会的新产物,是将来的发展方向。本项目以智能化产品智能小车为例介绍传感器的综合应用。智能小车是一个集环境感知、规划决策、自动行驶等功能于一体的综合系统,它集中地运用了计算机、传感、信息、通信、导航、人工智能及自动控制等技术,是典型的高新技术综合体。它可以按照预先设定的模式在一个特定的环境里自动运作,无须人为管理,便可以完成预期目标或是更高的目标,与遥控小车不同,遥控小车需要人为控制转向、启停和进退,比较先进的遥控车还能控制其速度。常见的模型小车都属于这类遥控车。智能小车则可以通过计算机编程来实现其对行驶方向、启停以及速度的控制,无须人工干预。操作员可通过修改智能小车的计算机程序来改变它的行驶方向。因此,智能小车具有再编程的特性,是机器人的一种。

　　中国自 1978 年将"智能模拟"作为国家科学技术发展规划的主要研究课题开始,便着力研究智能化。从概念的引进到实验室研究的实现,再到在高端领域(航天航空、军事、勘探等)的应用,为智能化的全面发展奠定了基石。智能化的全面发展是对资源的合理、充分利用,是以尽可能少的投入得到最大的收益,是大大提高工业生产的效率,是实现现有工业生产水平从自动化向智能化升级、实现当今智能化发展由高端向大众普及。从最初的模拟电路设计,到数字电路设计,再到现在的集成芯片的应用,各种能实现同样功能的元件越来越少,为智能化产品的生成奠定了良好的物质基础。

二、国内外智能车研究现状

1. 国外智能车研究情况

　　国外智能车辆的研究历史较长,始于 20 世纪 50 年代,其发展历程大体可以分成以下 3 个阶段。

第一阶段:初步探索与自主引导阶段(20世纪50年代至70年代末)。1954年美国Barrett Electronics公司研究开发了世界上第一台自主引导车系统AGVS(Automated Guided Vehicle System)。该系统只是一个运行在固定线路上的拖车式运货平台,但它却具有了智能车辆最基本的特征——无人驾驶。早期研制AGVS的目的是提高仓库运输的自动化水平,应用领域仅局限于仓库内的物品运输。随着计算机的应用和传感技术的发展,智能车辆的研究不断得到发展。

第二阶段:技术突破与广泛应用阶段(20世纪80年代至90年代末)。该时期设计和制造智能车辆的浪潮席卷全世界,一大批世界著名的公司开始研制智能车辆平台,世界主要发达国家对智能车辆开展了卓有成效的研究。在欧洲,普罗米修斯项目于1986年开始了在这个领域的探索。在美洲,美国于1995年成立了国家自动高速公路系统联盟(National Automated Highway System consortiurm,NAHSC),其目标之一就是研究发展智能车辆的可能性,并促进智能车辆技术进入实用化。在亚洲,日本于1996年成立了高速公路先进巡航辅助/驾驶研究会,主要目标是研究自动车辆导航的方法,促进日本智能车辆技术的整体进步。

第三阶段:成熟应用与商业化探索阶段(20世纪初至今)。在该阶段,智能车辆进入了深入、系统、大规模研究阶段。其中最为突出的是,美国卡内基梅隆大学(Camegie Mellon University)机器人研究所共完成了Navlab系列的10台自主车(Navlab1—Navlab10)的研究,取得了显著的成就。

目前,智能车辆的发展正处于第三阶段。这一阶段的研究成果代表了当前国外智能车辆的主要发展方向。在世界科学界和工业设计界中,众多研究机构研发的智能车辆具有代表性的有:

①德意志联邦大学的研究。1985年,第一辆VaMoR智能原型车辆在户外高速公路上以100 km/h的速度进行了测试,它使用了机器视觉来保证横向和纵向的车辆控制。1988年,在都灵的PROMRTHEUSI第一次委员会会议上,智能车辆维塔(VITA,7t)进行了展示,该车可以自动停车、行进,并向后车传送相关驾驶信息。这两种车辆都配备了UBM视觉系统。这是一个双目视觉系统,具有极高的稳定性。

②荷兰鹿特丹港口的研究。智能车辆的研究主要体现在工厂货物的运输。荷兰的Combi road系统采用无人驾驶的车辆往返运输货物,它行驶的路面上采用了磁性导航参照物,并利用一个光阵列传感器去探测障碍。

③日本大阪大学的研究。大阪大学的Shirai实验室所研制的智能小车采用了航位推测系统(Dead Reckoning System),分别利用旋转编码器和电位计来获取智能小车的转向角,从而完成了智能小车的定位。

另外,斯特拉斯堡实验中心、英国国防部门、美国卡内基梅隆大学、奔驰公司、美国麻省理工学院、韩国理工大学等对智能车辆也有较多的研究。

2. 国内智能车辆研究现状

相比于国外,我国开展智能车辆技术方面的研究起步较晚,始于 20 世纪 80 年代。而且大多数研究处于针对某个单项技术研究的阶段。虽然我国在智能车辆技术方面的研究总体上落后于发达国家,并且存在一定的技术差距,但是我们也取得了一系列的成果,主要如下:

①中国第一汽车集团公司和国防科技大学机电工程与自动化学院于 2003 年成功研制出我国第一辆自主驾驶轿车。在交通情况正常的高速公路上,该自主驾驶轿车的最高稳定速度为 130 km/h,最高峰值速度达 170 km/h,并且具有超车功能,其总体技术性能和指标已经达到世界先进水平。

②南京理工大学、北京理工大学、浙江大学、国防科技大学、清华大学等多所院校联合研制了 7B.8 军用室外自主车,该车装有彩色摄像机、激光雷达、陀螺惯导定位等传感器。计算机系统采用两台 Sun10 完成信息融合、路径规划,两台 PC486 完成路边抽取识别和激光信息处理,8098 单片机完成定位计算和车辆自动驾驶。其体系结构以水平式为主,采用传统的"感知—建模—规划—执行"算法,其直线跟踪速度达到 20 km/h,避障速度达 5~10 km/h。

中国政府高度重视智能网联汽车的发展,通过一系列政策和规划推动了技术创新和产业化进程。例如,《中国制造 2025》战略明确提出要发展智能网联汽车。自动驾驶技术、车联网技术、高精度地图和定位技术等不断取得突破。特别是自动驾驶技术,已经从 L0 到 L5 六个级别进行划分,其中 L4 和 L5 级别的自动驾驶技术正在逐步成熟。九家车企获准进入智能网联汽车准入和上路通行试点,标志着智能网联汽车技术正在逐步走向市场应用。

随着人工智能、5G 通信、大数据等技术的不断发展,智能网联汽车的技术水平将持续提升。在政府政策的支持和市场需求的推动下,智能网联汽车的市场规模将不断扩大。国内企业将加强与国际先进企业的合作与交流,同时在全球市场中展开激烈竞争。

三、智能小车的设计要点

1. 系统硬件设计

(1)寻线功能的实现

智能小车要完成寻线功能,希望它跟着黑线走,那么它首先就要能够"看见"那些黑线,因此需要用到传感器。这里选择一个红外巡线传感器,而这个红外传感器就将充当智能小车的眼睛来检测黑线。红外巡线传感器模块的原理是利用红外对管检测自己发出的红外线反射光(深色反射弱、浅色反射强)。寻线传感器可以帮助机器人进行白线或者黑线跟踪,可以检测白底中的黑线,也可以检测黑底中的白线,检测到黑线返回低电平。

设计的小车采用前置驱动,由两个电机分别控制左右两个前轮,后面是两个万向轮,可以自由转动。当确定了小车模型之后,如果小车的两个前轮同时以相同的速度向前转,那么小车就往前走。当小车右轮向前转左轮不动,小车就会向左转;同理,小车左轮向前转右轮不动,小车就向右转,两个轮子同时以相同的速度向后转,小车就会倒车。接下来就是由传感器控制小车运行了,在这里设置 3 个寻线传感器,如此 3 个传感器也就有 3 种情况,分别是每个传感器遇到黑线而另外两个没有遇到黑线。中间一个用于检测黑线,当中间的一个检测到黑线时就返回低电平,此时小车直走;当黑线向左边转弯,此时小车若直走则左边的传感器会检测到黑线,此时返回低电平,此时就要右轮转,左轮停,小车就会向左转弯;当转过弯后左边的传感器已经检测不到黑线,中间的又能检测到黑线了,那么就继续向前直走。同理,当黑线向右转弯时右边的传感器也会检测到黑线,返回低电平,此时小车左轮转,右轮停止,那么小车就会向右转,直到中间的传感器检测到黑线为止。

(2)避障功能的实现

至于小车的避障功能,首先要选用传感器,这里选用红外避障传感器。红外避障传感器由一个红外发射管和一个红外接收管构成。工作原理是:传感器发射红外线,根据反射红外光探测前方障碍物,无障碍物时输出高电平,有障碍时输出低电平。先将传感器装在小车的前端来感受环境的变化,在这里同样使用 3 个传感器,分别放在正前方、左前方、右前方。这里情况会比前面的寻线功能稍微复杂一点,因为寻线只有一条,但这里有可能只有一个传感器被遮挡,也有可能有 2 个传感器被遮挡,还有可能 3 个传感器都被遮挡,因此就需要将这几种情况都考虑进去。

(3)测距功能的实现

对于测距功能,使用的是 HC-SR04,它是最常见的超声波传感器之一,价格便宜、好用,如图 6-2 所示。超声波的发射和接收采用 HC-SR04 模块,模块包括超声波发射、接收器和控制电路。超声波的测距原理参考项目 4。

图 6-2　超声波传感器模块

(4)温度传感功能

这里选用的是 DS18B20 数字温度传感器。DS18B20 是美国 DALLAS 半导体公司继

DS1820 之后推出的一种改进型智能温度传感器,具有测温系统简单、测温精度高、连接方便、占用接口线少等优点。从主机 CPU 到 DSI820 仅需一条线(和地线),DS1820 的电源可

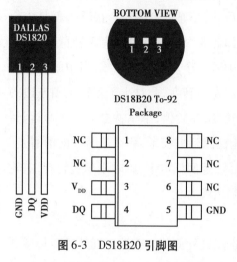

图 6-3　DS18B20 引脚图

以由数据线提供而不需要外部电源。因为每一个 DS1820 在出厂时已经给定了唯一的序号,因此任意多个 DS1820 可以连接在同一条单线总线上。DS1820 的测量范围从−55 ℃到+125 ℃增量值为 0.5 ℃,可在 1 s(典型值)内把温度变换成数字。简单地理解 DS18B20 测温原理就是芯片把感知到的温度换成数值放在数据寄存器里面,要想得到寄存器里面的数据,只有按照 DALLAS 规定的一种时序才能正确传出数据,这种时序被称为单总线,CPU 就可通过单总线协议,取得 DS18B20 里面的温度值。图 6-3 是 DS18B20 引脚排列。

2.智能小车系统结构

图 6-4 是小车被 3 个传感器控制的运行状态,另外还有两个传感器的结果是要输出到计算机用专用软件的监视窗口去进行监视的,如图 6-5 所示。

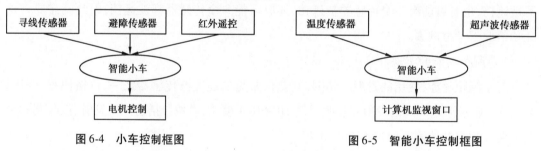

图 6-4　小车控制框图　　　　　　　　　图 6-5　智能小车控制框图

3.系统软件设计

(1)超声波传感器程序设计

超声波传感器的测距原理是:先发射超声波然后检测传回的超声波所耗费的时间从而计算距离。超声波传感器的测距原理如图 6-6 所示。

(2)红外遥控程序设计

因为配备了一个遥控器,所以红外模块先读取每个遥控中按钮的值,然后将每个按钮的值记录下来,将每个值作为一个操作命令。当遥控器中的某个按钮按下时,就会发射出对应的值。当红外接收头接收到信号时,处理器就会读取那个值并按照程序做出相应的反应。红外控制逻辑框图如图 6-7 所示。

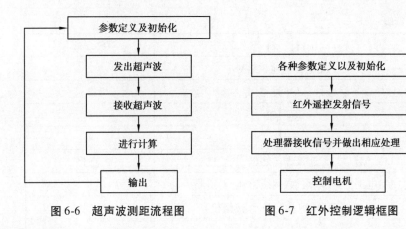

图6-6　超声波测距流程图　　　　图6-7　红外控制逻辑框图

任务实施

一、设计内容

1. 智能小车自动运行（前后走、左右转）

2. 蓝牙控制、遥控器控制、无线手柄控制

3. 循迹、避障

4. 视觉

二、硬件设计

1. 材料清单

实验材料清单如表6-1所示。

表6-1　实验材料清单

材　料	数　量
Arduino 主控板	1
车轮	2
直流电机	2
L298N	1
红外循迹模块	1
超声波模块	1
红外接收器	1
无线手柄及接收器	1
面包板	1
杜邦线	若干
电池盒	1

续表

材　料	数　量
充电锂电池 3.7 V	2
开关	2
万向轮	1
铜柱	4
连接螺丝螺母	若干
电工工具(电烙铁、剥线钳、电工胶带)	1
机械工具(锥、钳、卡尺、热熔枪)	1
蓝牙模块	1
蜂鸣器	1

2.小车组装

小车组装实物图如图 6-8 所示。

3.控制元件搭建

(1)电机驱动板 L298N 连线

如图 6-9 所示,通道 A 和通道 B 分别连接电机的两端(两端无方向性,关乎电机正反转);电源正负极分别接到图示主电源正负极(≤5 V 接到 5 V 输入,≥5 V 接到 12 V);A、B 相使能端靠外接线端接入 3,5,6,9,10,11 等任意两个接线端带"～"的接线端,此处接到 D10,D11,靠内一侧的两个引脚悬空或接 5 V 连线端;1,2,3,4 输入端分别接入数字端口 D4,D5,D6,D7。

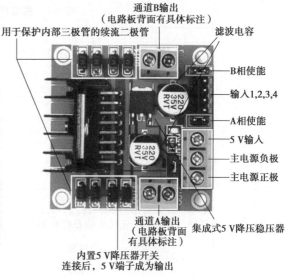

图 6-8　小车组装实物图　　　　图 6-9　电机驱动板 L298N

（2）传感器件连线

①超声波接线端。超声波模块的 VCC 接 5 V，GND 接 GND，TRIG 接 2，ECHO 接 3。

②蓝牙模块连线。如图 6-10 所示，VCC 接 5 V，GND 接 GND，TX 接 RX，RX 接 TX。

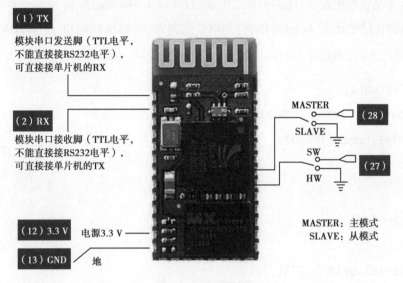

图 6-10　蓝牙模块

③红外遥控连线。如图 6-11 所示，−接 GND，+接 5 V，S 接信号端，此处接 D8。

④红外循迹模块。红外循迹模块实物图如图 6-12 所示。

图 6-11　红外遥控模块

图 6-12　红外循迹模块

如图 6-12 所示，循迹模块分别接到循迹主控板上，VCC 接主控板 5 V，GND 接主控板 GND，OUT1 ~ OUT3 分别接到 A0 ~ A2。调节时，将循迹模块置于轨迹，令红外模块依次检测轨迹与非轨迹部分，并通过调节所在位置的电位器，使指示灯在检测到轨迹时灭，未检测到轨迹时亮，然后通过串口通信端读取值，替换到程序中。

三、软件设计

1. 蓝牙 AT 模式设置

按住蓝牙模块黑色按钮,然后再接通电源,蓝牙以 1 s 间隔闪灭。

将下面的程序串烧到 Arduino 中,打开串口监视器,观察串口输出,显示"OK"即为成功设置断电,再次上电,当蓝牙不断闪烁时,开始正常工作。

```
void setup(){
  //put your setup code here, to run once:
  Serial.begin(38400);
}


void sendcmd()
{
    Serial.println("AT");
  while(Serial.available())
  {
    char ch;
    ch = Serial.read();
    Serial.print(ch);
  } //Get response: OK
  delay(1000); //wait for printing

  Serial.println("AT+NAME = Sonny");
  while(Serial.available())
  {
    char ch;
    ch = Serial.read();
    Serial.print(ch);
  }
  delay(1000);
```

```
  Serial.println("AT+ADDR?");
  while(Serial.available())
  {
    char ch;
    ch = Serial.read();
    Serial.print(ch);
  }
  delay(1000);


  Serial.println("AT+PSWD=2113");
  while(Serial.available())
  {
    char ch;
    ch = Serial.read();
    Serial.print(ch);
  }
  delay(1000);


/* Serial.println("AT+PSWD?");
  while(Serial.available())
  {
    char ch;
    ch = Serial.read();
    Serial.print(ch);
  }
  delay(1000);* /
}


void loop(){
    sendcmd();
}
```

2. 电机 PWM 驱动程序

```
int Left_motor_back=4;          //左电机后退(IN1)
int Left_motor_go=5;            //左电机前进(IN2)
int Right_motor_go=6;           //右电机前进(IN3)
int Right_motor_back=7;         //右电机后退(IN4)
int ENA=10;
int ENB=11;int i;
void setup()
{
  //初始化电机驱动 IO 为输出方式
  pinMode(Left_motor_go,OUTPUT);          //PIN 4 (PWM)
  pinMode(Left_motor_back,OUTPUT);        //PIN 5 (PWM)
  pinMode(Right_motor_go,OUTPUT);         //PIN 6 (PWM)
  pinMode(Right_motor_back,OUTPUT);       //PIN 7 (PWM)
  pinMode(ENA,OUTPUT);
  pinMode(ENB,OUTPUT);
}void Run()        //前进
{
  digitalWrite(Right_motor_go,HIGH);   //右电机前进
  digitalWrite(Right_motor_back,LOW);
  digitalWrite(Left_motor_go,HIGH);    //左电机前进
  digitalWrite(Left_motor_back,LOW);digitalWrite(ENA,HIGH);
digitalWrite(ENB,HIGH);
}

void Break()          //刹车,停车
{
  digitalWrite(Right_motor_go,LOW);
  digitalWrite(Right_motor_back,LOW);
  digitalWrite(Left_motor_go,LOW);
}
```

```
void left()        //左转(左轮不动,右轮前进)
{
  digitalWrite(Right_motor_go,HIGH);       //右电机前进
  digitalWrite(Right_motor_back,LOW);
  digitalWrite(Left_motor_go,LOW);         //左轮不动
  digitalWrite(Left_motor_back,LOW);
}

void spin_left()        //左转(左轮后退,右轮前进)
{
  digitalWrite(Right_motor_go,HIGH);       //右电机前进
  digitalWrite(Right_motor_back,LOW);
  digitalWrite(Left_motor_go,LOW);         //左轮后退
  digitalWrite(Left_motor_back,HIGH);
}

void right()        //右转(右轮不动,左轮前进)
{
  digitalWrite(Right_motor_go,LOW);        //右电机不动
  digitalWrite(Right_motor_back,LOW);
  digitalWrite(Left_motor_go,HIGH);        //左电机前进
  digitalWrite(Left_motor_back,LOW);
}

void spin_right()        //右转(右轮后退,左轮前进)
{
  digitalWrite(Right_motor_go,LOW);        //右电机后退
  digitalWrite(Right_motor_back,HIGH);
  digitalWrite(Left_motor_go,HIGH);        //左电机前进
  digitalWrite(Left_motor_back,LOW);
```

```
}

void back()          //后退
{
  digitalWrite(Right_motor_go,LOW);        //右轮后退
  digitalWrite(Right_motor_back,HIGH);
  digitalWrite(Left_motor_go,LOW);         //左轮后退
  digitalWrite(Left_motor_back,HIGH);
}
void loop()   Run();
}
```

3. 红外遥控程序

```
#include <IRremote.h>
int RECV_PIN = 8;
IRrecv irrecv(RECV_PIN);
decode_results results;          //结构声明


//==============================
int Left_motor_back=4;           //左电机后退(IN1)
int Left_motor_go=5;             //左电机前进(IN2)
int Right_motor_go=6;            //右电机前进(IN3)
int Right_motor_back=7;          //右电机后退(IN4)
int ENA=10;
int ENB=11;
void setup()
{
  //初始化电机驱动 IO 为输出方式
  pinMode(Left_motor_go,OUTPUT);        //PIN 5 (PWM)
  pinMode(Left_motor_back,OUTPUT);      //PIN 6 (PWM)
  pinMode(Right_motor_go,OUTPUT);       //PIN 9 (PWM)
```

```
  pinMode(Right_motor_back,OUTPUT);          //PIN 10 (PWM)
  pinMode(ENA, OUTPUT);                      //端口模式,输出
  pinMode(ENB, OUTPUT);                      //端口模式,输出
  Serial.begin(9600);                        //波特率9 600 b/s
  irrecv.enableIRIn();                       //Start the receiver
}
void back()         //前进
{
  digitalWrite(Right_motor_go,LOW);          //右电机前进
  digitalWrite(Right_motor_back,HIGH);
  digitalWrite(Left_motor_go,HIGH);          //左电机前进
  digitalWrite(Left_motor_back,LOW);
  digitalWrite(ENA,HIGH);
  digitalWrite(ENB,HIGH);
}


void brake()          //刹车,停车
{
  digitalWrite(Right_motor_go,LOW);
  digitalWrite(Right_motor_back,LOW);
  digitalWrite(Left_motor_go,LOW);
  digitalWrite(Left_motor_back,LOW);
}


void right()           //左转(左轮不动,右轮前进)
{
  digitalWrite(Right_motor_go,HIGH);         //右电机前进
  digitalWrite(Right_motor_back,LOW);
  digitalWrite(Left_motor_go,LOW);           //左轮不动
  digitalWrite(Left_motor_back,LOW);
}
```

```
void spin_left()        //左转(左轮后退,右轮前进)
{
  digitalWrite(Right_motor_go,HIGH);        //右电机前进
  digitalWrite(Right_motor_back,LOW);
  digitalWrite(Left_motor_go,LOW);          //左轮后退
  digitalWrite(Left_motor_back,HIGH);
}


void left()           //右转(右轮不动,左轮前进)
{
  digitalWrite(Right_motor_go,LOW);         //右电机不动
  digitalWrite(Right_motor_back,LOW);
  digitalWrite(Left_motor_go,HIGH);         //左电机前进
  digitalWrite(Left_motor_back,LOW);
}


void spin_right()        //右转(右轮后退,左轮前进)
{
  digitalWrite(Right_motor_go,LOW);         //右电机后退
  digitalWrite(Right_motor_back,HIGH);
  digitalWrite(Left_motor_go,HIGH);         //左电机前进
  digitalWrite(Left_motor_back,LOW);
}


void run()        //后退
{
  digitalWrite(Right_motor_go,HIGH);        //右轮后退
  digitalWrite(Right_motor_back,LOW);
  digitalWrite(Left_motor_go,LOW);          //左轮后退
  digitalWrite(Left_motor_back,HIGH);
}
```

```
void read_key()
{
    if(irrecv.decode(&results)){          //如果接收到信息
        Serial.print("code:");
        Serial.println(results.value,HEX);//results.value 为 16 进制,
                                                    unsigned long
        Serial.print("bits:");
        Serial.println(results.bits); //输出元位数
        irrecv.resume();
    }
}


void loop()
{
  read_key();
  if(irrecv.decode(&results)){            //如果接收到信息
   switch(results.value){
     case 0xFF18E7:   //前,对应 2
       run();
       break;
     case 0xFF4AB5:   //后,对应 8
       back();
       break;
     case 0xFF10EF:   //左,对应 4
       left();
       break;
     case 0xFF5AA5:   //右,对应 6
       right();
       break;
     case 0xFF38C7:   //停止,对应 5
       brake();
```

```
        break;
    default:
        break;
    }
  irrecv.resume();
  }
}
```

4. 蓝牙控制

```
#include <IRremote.h>        //红外遥控库函数
#define BAUD_RATE 9600
int RECV_PIN = 8;            //红外接收端口
IRrecv irrecv(RECV_PIN);
decode_results results;      //结构声明
char mode = 'I';             //设置小车运行模式,默认红外模式
int Left_motor_back=4;       //左电机后退(IN1)
int Left_motor_go=5;         //左电机前进(IN2)
int Right_motor_go=6;        //右电机前进(IN3)
int Right_motor_back=7;      //右电机后退(IN4)
int ENA = 10;                //PWM 输入 A
int ENB = 11;                //PWM 输入 B
int speed_default = 100;     //0~255 之间,小车最低速度为70,最佳速度为100
char ch;
bool inverse_left=false;
bool inverse_right=false;
void setup()
{
  //初始化电机驱动 IO 为输出方式
  pinMode(Left_motor_go,OUTPUT);      //PIN 5 (PWM)
  pinMode(Left_motor_back,OUTPUT);    //PIN 6 (PWM)
  pinMode(Right_motor_go,OUTPUT);     //PIN 7 (PWM)
```

```
    pinMode(Right_motor_back,OUTPUT);      //PIN 8 (PWM)
    pinMode(ENA,OUTPUT);
    pinMode(ENB,OUTPUT);
    Serial.begin(BAUD_RATE);               //波特率 9 600 b/s
    irrecv.enableIRIn();                   //Start the receiver
    delay(1000);                           //延时 1 s
}
void read_key()
{
    if(irrecv.decode(&results)){           //如果接收到信息
        Serial.print("code:");
        Serial.println(results.value,HEX);//results.value 为 16 进制,
                                                      unsigned long
        Serial.print("bits:");
        Serial.println(results.bits);  //输出元位数
        irrecv.resume();
      }
}
void back()        //前进
{
  digitalWrite(Right_motor_go,LOW);        //右电机前进
  digitalWrite(Right_motor_back,HIGH);
  digitalWrite(Left_motor_go,HIGH);        //左电机前进
  digitalWrite(Left_motor_back,LOW);
  analogWrite(ENA,speed_default);
  analogWrite(ENB,speed_default);
}


void Break()        //刹车,停车
{
  digitalWrite(Right_motor_go,LOW);
```

```
    digitalWrite(Right_motor_back,LOW);
    digitalWrite(Left_motor_go,LOW);
    digitalWrite(Left_motor_back,LOW);
    analogWrite(ENA,speed_default);
    analogWrite(ENB,speed_default);
}
void right()        //左转(左轮不动,右轮前进)
{
    digitalWrite(Right_motor_go,HIGH);     //右电机前进
    digitalWrite(Right_motor_back,LOW);
    digitalWrite(Left_motor_go,LOW);        //左轮不动
    digitalWrite(Left_motor_back,LOW);
    analogWrite(ENA,speed_default);
    analogWrite(ENB,speed_default);
}

void spin_left()        //左转(左轮后退,右轮前进)
{
    digitalWrite(Right_motor_go,HIGH);      //右电机前进
    digitalWrite(Right_motor_back,LOW);
    digitalWrite(Left_motor_go,LOW);         //左轮后退
    digitalWrite(Left_motor_back,HIGH);
    analogWrite(ENA,speed_default);
    analogWrite(ENB,speed_default);
}
void left()        //右转(右轮不动,左轮前进)
{
    digitalWrite(Right_motor_go,LOW);       //右电机不动
    digitalWrite(Right_motor_back,LOW);
    digitalWrite(Left_motor_go,HIGH);       //左电机前进
    digitalWrite(Left_motor_back,LOW);
```

```
    analogWrite(ENA,speed_default);
    analogWrite(ENB,speed_default);
}


void spin_right()        //右转(右轮后退,左轮前进)
{
    digitalWrite(Right_motor_go,LOW);     //右电机后退
    digitalWrite(Right_motor_back,HIGH);
    digitalWrite(Left_motor_go,HIGH);     //左电机前进
    digitalWrite(Left_motor_back,LOW);
    analogWrite(ENA,speed_default);
    analogWrite(ENB,speed_default);
}


void Run()        //后退
{
    digitalWrite(Right_motor_go,LOW);     //右轮后退
    digitalWrite(Right_motor_back,HIGH);
    digitalWrite(Left_motor_go,LOW);      //左轮后退
    digitalWrite(Left_motor_back,HIGH);
    analogWrite(ENA,speed_default);
    analogWrite(ENB,speed_default);
}


void loop()
{
    if(Serial.available()>0){
        char ch = Serial.read();
        Serial.println(ch);
      if(ch == '1'){
```

```
        //前进
        Run();
        Serial.print("forward");
    }else if(ch == '2'){
        //后退
        back();
        Serial.print("backward");
    }else if(ch == '3'){
        //左转
        left();
        Serial.print("turnLeft");
    }else if(ch == '4'){
        //右转
        right();
        Serial.print("turnRight");
    }else if(ch =='0'){
        //停车
        Break();
        Serial.print("stop");
    }
  }
}
```

5. 蓝牙与红外遥控的切换

```
#include <IRremote.h>          //红外遥控库函数
#define BAUD_RATE 9600
int RECV_PIN = 8;              //红外接收端口
IRrecv irrecv(RECV_PIN);
decode_results results;        //结构声明
char mode = 'I';               //设置小车运行模式,默认红外模式
int Left_motor_back=4;         //左电机后退(IN1)
```

```
int Left_motor_go=5;          //左电机前进(IN2)
int Right_motor_go=6;         //右电机前进(IN3)
int Right_motor_back=7;       //右电机后退(IN4)
int ENA = 10;                 //PWM 输入 A
int ENB = 11;                 //PWM 输入 B
int speed_default = 100;      //0～255 之间,小车最低速度为70,最佳速度为100
char ch;
bool inverse_left=false;
bool inverse_right=false;
void setup()
{
  //初始化电机驱动 IO 为输出方式
  pinMode(Left_motor_go,OUTPUT);        //PIN 5 (PWM)
  pinMode(Left_motor_back,OUTPUT);      //PIN 6 (PWM)
  pinMode(Right_motor_go,OUTPUT);       //PIN 7 (PWM)
  pinMode(Right_motor_back,OUTPUT);     //PIN 8 (PWM)
  pinMode(ENA,OUTPUT);
  pinMode(ENB,OUTPUT);
  Serial.begin(BAUD_RATE);              //波特率9 600 b/s
  irrecv.enableIRIn();                  //Start the receiver
  delay(1000); //
}


void read_key()
{
    if(irrecv.decode(&results)){        //如果接收到信息
        Serial.print("code:");
        Serial.println(results.value,HEX);//results.value 为 16 进制,
                                                  unsigned long
        Serial.print("bits:");
        Serial.println(results.bits); //输出元位数
```

```
        irrecv.resume();
      }
  }
  void back()      //前进
  {
    digitalWrite(Right_motor_go,LOW);        //右电机前进
    digitalWrite(Right_motor_back,HIGH);
    digitalWrite(Left_motor_go,HIGH);        //左电机前进
    digitalWrite(Left_motor_back,LOW);
    analogWrite(ENA,speed_default);
    analogWrite(ENB,speed_default);
  }


  void Break()              //刹车,停车
  {
    digitalWrite(Right_motor_go,LOW);
    digitalWrite(Right_motor_back,LOW);
    digitalWrite(Left_motor_go,LOW);
    digitalWrite(Left_motor_back,LOW);
    analogWrite(ENA,speed_default);
    analogWrite(ENB,speed_default);
  }
  void right()              //左转(左轮不动,右轮前进)
  {
    digitalWrite(Right_motor_go,HIGH);       //右电机前进
    digitalWrite(Right_motor_back,LOW);
    digitalWrite(Left_motor_go,LOW);          //左轮不动
    digitalWrite(Left_motor_back,LOW);
    analogWrite(ENA,speed_default);
    analogWrite(ENB,speed_default);
  }
```

```
void spin_left()        //左转(左轮后退,右轮前进)
{
  digitalWrite(Right_motor_go,HIGH);        //右电机前进
  digitalWrite(Right_motor_back,LOW);
  digitalWrite(Left_motor_go,LOW);          //左轮后退
  digitalWrite(Left_motor_back,HIGH);
  analogWrite(ENA,speed_default);
  analogWrite(ENB,speed_default);
}
void left()        //右转(右轮不动,左轮前进)
{
  digitalWrite(Right_motor_go,LOW);         //右电机不动
  digitalWrite(Right_motor_back,LOW);
  digitalWrite(Left_motor_go,HIGH);         //左电机前进
  digitalWrite(Left_motor_back,LOW);
  analogWrite(ENA,speed_default);
  analogWrite(ENB,speed_default);
}


void spin_right()        //右转(右轮后退,左轮前进)
{
  digitalWrite(Right_motor_go,LOW);         //右电机后退
  digitalWrite(Right_motor_back,HIGH);
  digitalWrite(Left_motor_go,HIGH);         //左电机前进
  digitalWrite(Left_motor_back,LOW);
  analogWrite(ENA,speed_default);
  analogWrite(ENB,speed_default);
}


void Run()        //后退
{
```

```
    digitalWrite(Right_motor_go,LOW);        //右轮后退
    digitalWrite(Right_motor_back,HIGH);
    digitalWrite(Left_motor_go,LOW);         //左轮后退
    digitalWrite(Left_motor_back,HIGH);
    analogWrite(ENA,speed_default);
    analogWrite(ENB,speed_default);
}


void loop()
{
    if(Serial.available()>0){
        ch = Serial.read();
        Serial.println(ch);
        if(ch == 'I'){
            //红外模式
            mode = 'I';
        }
        if(ch == 'B'){
            //蓝牙模式
            mode = 'B';
        }
    }
    if(mode == 'I'){         //红外模式控制代码
      Serial.println("IRremote Mode");
      read_key();
      if(irrecv.decode(&results)){         //如果接收到信息
        Serial.println(results.value);
        switch(results.value){
         case 0xFF18E7:        //前,对应2
           Run();
           break;
```

```
    case 0xFF4AB5:        //后,对应8
      back();
      break;
    case 0xFF10EF:        //左,对应4
      left();
      break;
    case 0xFF5AA5:        //右,对应6
      right();
      break;
    case 0xFF38C7:        //停止,对应5
      Break();
      break;
    default:
      break;
    }
    irrecv.resume();
  }
}


if(mode == 'B'){          //蓝牙模式控制代码
  Serial.println("Blue Mode");
  char ch1 = '0';
  if(ch == '1'){
      //前进
      Run();
      Serial.print("forward");
    }else if(ch == '2'){
      //后退
      back();
      Serial.print("backward");
    }else if(ch == '3'){
```

```
        //左转
        left();
        Serial.print("turnLeft");
    }else if(ch = = '4'){
        //右转
        right();
        Serial.print("turnRight");
    }else if(ch = ='0'){
        //停车
        Break();
        Serial.print("stop");
}}
```

6. 红外循迹

```
#define L1 A0
#define L2 A1
#define L3 A2
#define L4 A3
int Left_motor_back =4;      //左电机后退(IN1)
int Left_motor_go =5;        //左电机前进(IN2)
int Right_motor_go =6;       //右电机前进(IN3)
int Right_motor_back =7;     //右电机后退(IN4)
int ENA = 10;                //PWM 输入 A
int ENB = 11;                //PWM 输入 B
int speed_default = 100;     //0 ~255 之间,小车最低速度为70,最佳速度为100
char ch;
bool inverse_left =false;
bool inverse_right =false;
int a;
int b;
int c;
int d;
```

```
void setup()
{
  //初始化电机驱动IO为输出方式
  pinMode(Left_motor_go,OUTPUT);        //PIN 5 (PWM)
  pinMode(Left_motor_back,OUTPUT);      //PIN 6 (PWM)
  pinMode(Right_motor_go,OUTPUT);       //PIN 7 (PWM)
  pinMode(Right_motor_back,OUTPUT);     //PIN 8 (PWM)
  pinMode(ENA,OUTPUT);
  pinMode(ENB,OUTPUT);
  pinMode(L1,OUTPUT);
  pinMode(L2,OUTPUT);
  pinMode(L3,OUTPUT);
  pinMode(L4,OUTPUT);
  Serial.begin(9600);        //波特率9 600 b/s
  delay(1000);      //
}
void back()        //前进
{
  digitalWrite(Right_motor_go,LOW);     //右电机前进
  digitalWrite(Right_motor_back,HIGH);
  digitalWrite(Left_motor_go,HIGH);     //左电机前进
  digitalWrite(Left_motor_back,LOW);
  analogWrite(ENA,speed_default);
  analogWrite(ENB,speed_default);
}
void Break()       //刹车,停车
{
  digitalWrite(Right_motor_go,LOW);
  digitalWrite(Right_motor_back,LOW);
  digitalWrite(Left_motor_go,LOW);
  digitalWrite(Left_motor_back,LOW);
```

```
    analogWrite(ENA,speed_default);
    analogWrite(ENB,speed_default);
}
void right()        //左转(左轮不动,右轮前进)
{
    digitalWrite(Right_motor_go,HIGH);        //右电机前进
    digitalWrite(Right_motor_back,LOW);
    digitalWrite(Left_motor_go,LOW);          //左轮不动
    digitalWrite(Left_motor_back,LOW);
    analogWrite(ENA,speed_default);
    analogWrite(ENB,speed_default);
}


void spin_left()        //左转(左轮后退,右轮前进)
{
    digitalWrite(Right_motor_go,HIGH);        //右电机前进
    digitalWrite(Right_motor_back,LOW);
    digitalWrite(Left_motor_go,LOW);          //左轮后退
    digitalWrite(Left_motor_back,HIGH);
    analogWrite(ENA,speed_default);
    analogWrite(ENB,speed_default);
}
void left()        //右转(右轮不动,左轮前进)
{
    digitalWrite(Right_motor_go,LOW);         //右电机不动
    digitalWrite(Right_motor_back,LOW);
    digitalWrite(Left_motor_go,HIGH);         //左电机前进
    digitalWrite(Left_motor_back,LOW);
    analogWrite(ENA,speed_default);
    analogWrite(ENB,speed_default);
}
```

```
void spin_right()        //右转(右轮后退,左轮前进)
{
  digitalWrite(Right_motor_go,LOW);       //右电机后退
  digitalWrite(Right_motor_back,HIGH);
  digitalWrite(Left_motor_go,HIGH);       //左电机前进
  digitalWrite(Left_motor_back,LOW);
  analogWrite(ENA,speed_default);
  analogWrite(ENB,speed_default);
}

void Run()       //后退
{
  digitalWrite(Right_motor_go,LOW);       //右轮后退
  digitalWrite(Right_motor_back,HIGH);
  digitalWrite(Left_motor_go,LOW);        //左轮后退
  digitalWrite(Left_motor_back,HIGH);
  analogWrite(ENA,speed_default);
  analogWrite(ENB,speed_default);
}

void loop()
{
  Serial.print("one");
  Serial.println(analogRead(L1));
  Serial.print("two");
  Serial.println(analogRead(L2));
  Serial.print("three");
  Serial.println(analogRead(L3));
  Serial.print("four");
  Serial.println(analogRead(L4));
  a = analogRead(L1);
```

```
    b=analogRead(L2);
      c=analogRead(L3);
       d=analogRead(L4);
  if(a==1000&&b==1000&&c==1000&&d==1000)
  {
    Run();
  }
    if(a==0&&b==0&&c==0&&d==0)
    {
    Break();
    }
    if(a<1000&&b<1000&&c>1000&&d>1000)
    {
    left();
    }
    if(a>1000&&b>1000&&c<1000&&d<1000)
    {
    right();
    }
  }
```

7. 超声波避障

```
#include <Servo.h>

int Left_motor_back=4;          //左电机后退(IN1)
int Left_motor_go=5;            //左电机前进(IN2)
int Right_motor_go=6;           //右电机前进(IN3)
int Right_motor_back=7;         //右电机后退(IN4)
int ENA=10;
int ENB=11;

Servo myServo;    //舵机
```

```
int inputPin = 3;        //定义超声波信号接收接口
int outputPin = 2;       //定义超声波信号发出接口


void setup(){
  //put your setup code here, to run once:
  //串口初始化
  Serial.begin(9600);
  //舵机引脚初始化
  myServo.attach(9);
    //初始化电机驱动 IO 为输出方式
  pinMode(Left_motor_go,OUTPUT);        //PIN 4 (PWM)
  pinMode(Left_motor_back,OUTPUT);      //PIN 5 (PWM)
  pinMode(Right_motor_go,OUTPUT);       //PIN 6 (PWM)
  pinMode(Right_motor_back,OUTPUT);     //PIN 7 (PWM)
  pinMode(ENA,OUTPUT);
  pinMode(ENB,OUTPUT);
  //超声波控制引脚初始化
  pinMode(inputPin, INPUT);
  pinMode(outputPin, OUTPUT);
}
int getDistance()
{
  digitalWrite(outputPin, LOW);         //使发出超声波信号接口低电平2 μs
  delayMicroseconds(2);
  digitalWrite(outputPin, HIGH);        //使发出超声波信号接口高电平10
                                          μs,这里是至少10 μs
  delayMicroseconds(10);
  digitalWrite(outputPin, LOW);         //保持发出超声波信号接口低电平
  int distance = pulseIn(inputPin, HIGH);  //读出脉冲时间
  distance = distance/58;               //将脉冲时间转化为距离(单位:cm)
```

```
    Serial.println(distance);                    //输出距离值
    if (distance >=50)
    {
      //如果距离小于 50 cm 返回数据
      return 50;
    }//如果距离小于 50 cm 小灯熄灭
    else
      return distance;
}
void Run()          //前进
{
  digitalWrite(Right_motor_go,HIGH);          //右电机前进
  digitalWrite(Right_motor_back,LOW);
  digitalWrite(Left_motor_go,HIGH);           //左电机前进
  digitalWrite(Left_motor_back,LOW);
}


void Break()          //刹车,停车
{
  digitalWrite(Right_motor_go,LOW);
  digitalWrite(Right_motor_back,LOW);
  digitalWrite(Left_motor_go,LOW);
  digitalWrite(Left_motor_go,LOW);
}


void left()          //左转(左轮不动,右轮前进)
{
  digitalWrite(Right_motor_go,HIGH);          //右电机前进
  digitalWrite(Right_motor_back,LOW);
  digitalWrite(Left_motor_go,LOW);            //左轮不动
  digitalWrite(Left_motor_back,LOW);
}
```

```
void spin_left()        //左转(左轮后退,右轮前进)
{
  digitalWrite(Right_motor_go,HIGH);        //右电机前进
  digitalWrite(Right_motor_back,LOW);
  digitalWrite(Left_motor_go,LOW);          //左轮后退
  digitalWrite(Left_motor_back,HIGH);
}


void right()        //右转(右轮不动,左轮前进)
{
  digitalWrite(Right_motor_go,LOW);         //右电机不动
  digitalWrite(Right_motor_back,LOW);
  digitalWrite(Left_motor_go,HIGH);         //左电机前进
  digitalWrite(Left_motor_back,LOW);
}


void spin_right()        //右转(右轮后退,左轮前进)
{
  digitalWrite(Right_motor_go,LOW);         //右电机后退
  digitalWrite(Right_motor_back,HIGH);
  digitalWrite(Left_motor_go,HIGH);         //左电机前进
  digitalWrite(Left_motor_back,LOW);
}


void back()        //后退
{
  digitalWrite(Right_motor_go,LOW);         //右轮后退
  digitalWrite(Right_motor_back,HIGH);
  digitalWrite(Left_motor_go,LOW);          //左轮后退
  digitalWrite(Left_motor_back,HIGH);
}
```

```
void loop(){
//put your main code here, to run repeatedly:
  avoidance();
}


void avoidance()
{
  int pos;
  int dis[3];    //距离
  Run();
  myServo.write(90);
  dis[1]=getDistance();   //中间
  digitalWrite(ENA,HIGH);
  digitalWrite(ENB,HIGH);
  if(dis[1]<30)
  {
   Break();
    for (pos = 90; pos <= 150; pos += 1)
    {
      myServo.write(pos);                //tell servo to go to position
                                         in variable 'pos'
      delay(15);                         //waits 15ms for the servo to
                                         reach the position
    }
    dis[2]=getDistance();   //左边
    for (pos = 150; pos >= 30; pos -= 1)
    {
      myServo.write(pos);                //tell servo to go to position
                                         in variable 'pos'
      delay(15);                         //waits 15 ms for the servo to
                                         reach the position
```

```
      if(pos = =90)
        dis[1]=getDistance();   //中间
    }
    dis[0]=getDistance();   //右边
    for (pos = 30; pos <= 90; pos += 1)
    {
      myServo.write(pos);              //tell servo to go to position
                                          in variable 'pos'

      delay(15);                       //waits 15 ms for the servo to
                                          reach the position

    }
    if(dis[0]<dis[2])   //右边距障碍的距离比左边近
    {
      //左转
      left();
      delay(500);
    }
    else   //右边距障碍的距离比左边远
    {
      //右转
      right();
      delay(500);
    }
  }
}
```

任务评价

表1 学生工作页

项目名称：		专业班级：	
组别：	姓名：	学号：	
计划学时		实际学时	
项目描述			
工作内容			
项目实施	1.获取理论知识		
	2.系统设计及电路图绘制		
	3.系统制作及调试		
	4.教师指导要点记录		
学习心得			
评价	考评成绩		
	教师签字		年 月 日

表 2　项目考核表

项目名称：			专业班级：		
组别：		姓名：		学号：	
考核内容	考核标准			标准分值/分	得分/分
学生自评	根据自己在项目实施过程中工作任务的轻重和多少、角色的重要性以及学习态度、工作态度、团队协作能力等表现,给出自评成绩			10	
学生互评	根据同学在项目实施中工作任务的轻重和多少、角色的重要性以及学习态度、工作态度、团队协作能力等表现,给出互评成绩			10	评价人
项目成果评价	总体设计	任务是否明确; 方案设计是否合理,是否有新意; 软件和硬件功能划分是否合理		20	
	硬件设计	传感器选型是否合理; 电路搭建是否正确合理		20	
	程序设计	程序流程图是否满足任务需求; 程序设计是否符合程序流程图设计		20	
	系统调试	各部件之间的连接是否正确; 程序能否控制硬件正常工作		10	
	学生工作页	是否认真填写		5	
	答辩情况	任务表述是否清晰		5	
教师评价					
项目成绩					
考评教师				考评日期	

📖 项目总结

在未来,智能是大势所趋,而智能车作为智能机器人中一类必不可少的组成部分,最近几年发展更是迅速,各个国家更是投入大量资金。它广泛涉及人工智能、计算机视觉、自动控制、精密仪器、传感和信息等一系列学科的创新研究,其研究成果可广泛应用于工业、农业、医药、军事、航空、信息技术等实际领域。智能机器人的发展水平可反映出一个国家的高科技水平和综合国力,是国家综合国力强大的标志,也是人类文明进步的标志。在我们未来的工作与生活中,会越来越多地需要机器人代替人力来工作和完成一些难度较大或较为费力的任务,对这些实用的机器人的需求也会越来越大。因此,机器人研发的前景是不可估量的。

参考文献

[1] 陈卫.传感器应用[M].北京:高等教育出版社,2014.

[2] 王煜东.传感器及应用[M].2 版.北京:机械工业出版社,2008.

[3] 刘伦富,周志文.传感器技术应用与技能训练[M].北京:机械工业出版社,2012.

[4] 程军.传感器及实用检测技术[M].3 版.西安:西安电子科技大学出版社,2017.

[5] 王元庆.先进传感器:原理、技术与应用[M].北京:清华大学出版社,2023.